Grundlegende Betrachtungen zum Eisenbeton-Schiffbau.

I. Teil.

Von der

Technischen Hochschule zu Danzig

zur Erlangung der Würde eines Doktor-Ingenieurs

am 24. August 1920 genehmigte

Dissertation.

Von

Dipl.-Ing. Friedrich Wilhelm Ludwig Achenbach
aus Seligenstadt a. Main.

Vorgelegt am 28. Februar 1919.

Referent: Dipl.Ing. Professor O. Lienau.
Korreferent: Geh. Marine-Baurat Eichhorn.

Springer-Verlag Berlin Heidelberg GmbH

1920.

Sonderabdruck aus dem
Jahrbuch der Schiffbautechnischen Gesellschaft 1919.
(Verlag von Julius Springer in Berlin.)

Der Gegenstand ist vom Verfasser am 20. März 1919 auf der XX. ordentlichen Hauptversammlung der Schiffbautechnischen Gesellschaft vorgetragen worden.

ISBN 978-3-662-42179-6 ISBN 978-3-662-42448-3 (eBook)
DOI 10.1007/978-3-662-42448-3

Dem Andenken meines Vaters,

des hilfreichen Freundes leidender Menschheit,

Dr. med. August Heinrich Achenbach,

freiwilligen Arztes im nordamerikanischen Bürgerkreig 1860—64
und im
deutsch-französischen Kreig 1870—71,

in ehrfurchtsvoller Erinnerung gewidmet.

Grundlegende Betrachtungen zum Eisenbetonschiffbau.

Inhaltsübersicht.

Als ich vor drei Jahren an dieser Stelle über das Wesen der Schiffshavarien zu sprechen die Ehre hatte, wies ich auf die zunehmende Bedeutung des eisenbewehrten Betons als Schiffbaumaterial hin und glaubte die Zeit nicht mehr fern, daß Schiffe aus diesem Baustoff die Meere befahren würden. Diese Voraussage ist schnell zur Wirklichkeit geworden. Aus kleinen Anfängen heraus, die bis in die Mitte des vorigen Jahrhunderts zurückgehen, hat sich unter dem Druck der Kriegsnot die Eisenbetonbauweise von dem engen Gebiet des Ponton- und Leichterbaues dem weiten Feld seegehender Schiffahrt zugewendet und hier — vorerst nur im Auslande — seine ersten Erzeugnisse in Fahrt gesetzt.

Mit diesem Schritt ist im Betonschiffbau eine Entwicklung angebrochen, die in ihrer Tragweite sowohl für den Schiffbau als auch für das Schiffahrtsgewerbe, schließlich für die Volkswirtschaft der Seefahrt treibenden Völker.

nicht abzusehen ist. Sieht man den Mangel an verfügbarem Frachtraum und den Hochstand der Frachtraten als die Ursachen für die enorme Bautätigkeit in den feindlichen und besonders auch in den neutralen Ländern an, so ist der Mangel an verfügbarem Schiffbaustahl der Grund dafür, nach einem möglichst vollkommenen Ersatzbaustoff zu suchen. Das Naheliegendste war, auf Holz als Hauptbaumaterial zurückzugreifen. In den Vereinigten Staaten von Nordamerika ist dieser Versuch in großzügiger Weise unternommen worden. Man erkannte jedoch bald, daß selbst bei einfachsten Schiffsformen und beschränkten Abmessungen keine nennenswerten Ergebnisse, die eine Rückwirkung auf den Umfang der Welttonnage hätten haben können, zu erzielen waren. Das außerordentlich hohe Eigengewicht solcher Schiffe, die benötigte große Zahl von gelernten Zimmerleuten, vielleicht auch der Mangel an gutgelagertem, lufttrockenem Bauholz, waren die Ursachen, daß dieser Versuch von vornherein zum Scheitern bestimmt war. Selbst in solchen Ländern, wie Schweden und Norwegen, die über einen großen Holzreichtum verfügen, ging man nicht zu einer Belebung des dort heimischen Holzschiffbaus über, sondern wandte ebenso wie in Amerika das größere Interesse der aufkommenden Eisenbetonbauweise zu. Der Grund hierfür ist vor allem darin zu suchen, daß die Herstellung eines Eisenbetonschiffes keine speziellen handwerksmäßigen Fertigkeiten beim Bau voraussetzt, und daß es nicht notwendig ist, den Schiffskörper aus einer Unzahl komplizierter oder schwer zu bearbeitender Einzelteile zusammenzusetzen und hierbei kostspielige Einrichtungen und Arbeitsmethoden heranzuziehen. Es handelt sich im Eisenbetonschiffbau um die Errichtung eines schwimmenden Bauwerks, das in allen seinen Teilen lediglich nach erprobten Methoden des Landbaus hergestellt wird, wobei die Arbeiter die im Landbau erworbenen wertvollen Fähigkeiten ohne weiteres anwenden können. Für manche Arbeiten können an Stelle von Facharbeitern auch ungelernte Leute verwendet werden.

Als treibende Kraft für die Einführung der Eisenbetonbauweise bei uns in Deutschland sind weniger die Frachtraumnot und der Eisenmangel anzusehen als vielmehr das Bestreben einer hochentwickelten heimischen Zement- und Eisenbetonindustrie, dem zu erwartenden Bedarf an Schiffsraum aller Art durch Herstellung der für die neue Bauweise geeigneten Fahrzeuge gerecht zu werden. Hierdurch kann eine Entlastung der Eisenschiffswerften im Sinne des beschleunigten Ausbaus unserer Flotte schneller Fracht- und Passagierschiffe herbeigeführt werden und durch Handinhandarbeiten der Betonwerften mit den Eisenschiffswerften, indem erstere den Schiffskörper, letztere die Maschinenanlage und die Ausrüstungs- und Zubehörteile liefern, könnte im Verlauf weniger Jahre der Frachtraum auf das für den Weltverkehr nötige Maß zurückgebracht werden.

Das Ausland hat Deutschland gegenüber einen Vorsprung in bezug auf wirklich fertiggestellte und in Fahrt befindliche Betonschiffe. Dies bedeutet für uns in keiner Weise einen Nachteil. Wir haben dadurch den Vorteil, aus den Erfahrungen und Fehlern anderer lernen zu können; aber wir tun auch gut daran, bei aller Vorsicht unsere eigenen Wege zu gehen, denn gerade deutsche Forscher haben im Eisenbetonbau grundlegend gewirkt, und unsere Eisenbetonindustrie hat in Jahrzehnte langer glänzender Praxis einen solchen Grundstock von Erfahrungen sammeln können, daß auch den im Schiffbau sich neu darbietenden Aufgaben die erfolgreiche Lösung nicht mangeln wird.

Der deutsche Eisenbetonschiffbau ist im vergangenen Jahr dadurch ein gutes Stück weiter gekommen, daß ihm die Behörden Aufmerksamkeit und Förderung haben zuteil werden lassen. Eine kleine Ausstellung, die ich im vergangenen Herbst zusammen mit der Firma Wayss & Freytag A.-G. veranstaltete, hat die Anregung gegeben, daß das Reichsmarineamt die Mittel für einen seegehenden Kohlenprahm von 300 t Tragkraft bewilligte. Bei der Ausschreibung erhielt die Firma Ed. Züblin & Co. in Straßburg den Zuschlag. Diese Firma hatte schon im Jahre 1913 ein Eisenbetonmotorschiff von 100 bis 120 t Tragfähigkeit ausgeführt, welches seit dieser Zeit ständig in Benutzung ist und sich während der ganzen Dauer durchaus bewährt hat. Ferner hat die Schiffahrtsabteilung beim Chef des Feldeisenbahnwesens dem Eisenbetonschiffbau von Anfang an reges Interesse entgegengebracht. Durch obenerwähnte Ausstellung wurde die Schiffahrtsabteilung auf die Arbeiten der Wayss & Freytag A.-G. aufmerksam und veranlaßte diese Firma ebenso wie die Firma Dyckerhoff & Widmann A.-G., um einen unabhängigen Vergleich für die Beurteilung des Eisenbetons als Schiffbaumaterial zu bekommen, zum Bau je eines Donauschlepps von 650 t Tragfähigkeit; diese gehen jetzt ihrer Vollendung entgegen. Von Privatfirmen hat die A.-G. „Weser", Bremen, durch Vergebung einer Dockhälfte zur praktischen Betätigung auf einem dem Schiffbau verwandten und zukunftsreichen Gebiet beigetragen. Insbesondere aber hat sich der Germanische Lloyd im Rahmen seiner Verantwortlichkeit mit den neuen Problemen befaßt und stellt für die von ihm geprüften Eisenbetonschiffe Zeugnisse aus, die der Seeberufsgenossenschaft die Unterlage für eine Fahrterlaubnis abgeben.

Von wissenschaftlichen Fachvereinen hat der Deutsche Betonverein einen Ausschuß mit der Erörterung der den Schiffbau betreffenden Fragen beauftragt und in gleicher Weise hat die Jubiläumsstiftung der deutschen Industrie einen Studienausschuß gebildet, der mit dem zuerst genannten Ausschuß Hand in Hand arbeitet.

Die Aufgaben, die zur Erörterung stehen, sind nicht nur Materialfragen. Der neue Baustoff ist von den bisher im Schiffbau verwendeten. Holz, Eisen und Stahl, grundverschieden sowohl in bezug auf sein spezifisches Gewicht als auch seine Festigkeits- und Materialeigenschaften und schließlich die Art seiner Verarbeitung. Wie stets bei der gegenseitigen Verschmelzung zweier Zweige der Technik zu einer neuen Industrie, werden auch im Eisenbetonbau alle Fragen von grundlegender Bedeutung wie Materialeigenschaften, Mischungsverhältnisse, Bewehrung, Wahl der Materialabmessungen durch die Anwendung auf den Schiffbau zu vertiefter und spezialisierter Kenntnis führen, und auch auf schiffbautechnischem Gebiet sind viele Gebiete neu zu bearbeiten; hierher gehören die Annahmen für die Festigkeitsberechnungen, die Stabilitäts- und Schwimmfähigkeitsuntersuchungen, ferner die Widerstandsverhältnisse der Betonschiffe bei ihrer Fortbewegung, die Formgebung zum Zweck günstigster Bauausführung; schließlich bliebe die wirtschaftliche Seite des Problems zu durchleuchten, eine bei der Mannigfaltigkeit der Schiffstypen und der im gegenwärtigen Zeitlauf begründeten Ungewißheit aller Unterlagen umfangreiche und schwierige Aufgabe.

Ich habe die Beobachtung gemacht, daß sich bei auftauchenden technischen Schwierigkeiten im Betonschiffbau stets eine Fülle von möglichen Lösungen darbietet und glaube daher, daß, wenn ihm freie Bahn bleibt, er eine rasche und erfolgreiche Entwicklung nehmen wird. Die beste Förderung ist aber in der Feuerprobe praktischer Betätigung zu sehen; es ist daher notwendig, den deutschen Betonschiffbau durch Zuweisung von Aufträgen zu unterstützen. Alsdann wird der Beweis seiner Leistungsfähigkeit bald erbracht sein.

1. Geschichtliches aus der Entwicklung des Eisenbetonschiffbaus.

Während als das Erfindungsjahr des Eisenbetons das Jahr 1867 bezeichnet wird, in welchem der Pariser Gärtner Monier sein erstes Patent erhielt, ist aus dem Jahre 1854 bereits ein von dem Grafen Lambot verfertigter

Kahn aus Beton mit Eiseneinlagen bekannt, der noch 1902 in Paris in Benutzung war. Ein ungünstiges Urteil der französischen Marineverwaltung über die neue Bauart unterband die Entwicklung der genialen Idee. Erst erheblich später fand der Bau von Betonschiffen fachmännische Ausführung, indem Carlo Gabelini im Jahre 1896 in Rom seine ersten Schiffe erbaute. Die große Ausdehnung, die sein Unternehmen gewonnen hat, und das später auch in Frankreich arbeitete, war begründet in dem Mangel an anderem Schiffbaumaterial in Italien, basierte ferner auf dem Vorhandensein eines guten natürlichen Zements, der sich in der Nähe von Rom fand, und wurde begünstigt durch die Jahrhunderte lang vererbten Kenntnisse und Fähigkeiten der italienischen Arbeiter im Terrazzo- und Zementbau.

In den anderen Ländern blieb es bei gelegentlichen Versuchen, die bei mangelndem Interesse nicht durchdringen konnten. Im besonderen fehlte es an einer innigen Zusammenarbeit zwischen Schiffbau und Betonbau. Zudem war der Betonbau in starkem Aufstieg begriffen und mit lohnenden Landbauten reichlich versehen. Der Eisenschiffbau war auf seine Methoden und Einrichtungen festgelegt.

Der Krieg gibt den Anstoß zu allgemein auflebendem Interesse. Zunächst gehen die neutralen, eisenarmen Länder Norwegen und Holland voran. Dann folgt mit großen Mitteln Amerika. Die Erfolge Amerikas sind nicht zufälliger Art, sondern wohl begründet, indem es seit dem Jahre 1907 die Verwendung von Gußbeton einführt und dieses Verfahren durch Vervollkommnung der maschinellen Einrichtungen immer mehr entwickelt. Es ist daher anzunehmen, daß die amerikanischen Eisenbetonschiffbauten in bezug auf betontechnische Ausführung einwandfrei sind, um so mehr, als die ersten dortigen Versuche im Betonschiffbau bis in das Jahr 1892 zurückgehen. In neuester Zeit sind Schiffe bis über 5000 t Tragfähigkeit fertiggestellt worden.

In Frankreich und England hat man sich eingehend mit der neuen Bauweise befaßt. Jedoch ist trotz vieler Veröffentlichungen wenig über die praktische Erprobung ausgeführter, insbesondere seegehender Schiffe bekannt geworden. Es scheint das Fehlen von Schalungsholz und freien Arbeitskräften zu sein, welches die Angelegenheit in England, dem Lande des Portlandzementes, nicht recht gedeihen läßt. Am 24. September 1918 brachte Reuter die Meldung von dem Stapellauf eines 1000-t-Schiffes in Barrow, wo weitere sechs Dampfer und sechs Segler im Bau seien; wenn sich diese Nachricht bewahrheitet, hätte hiermit England die Führung im Eisenbetonschiffbau übernommen.

In Deutschland betätigte sich im Jahre 1909 Ingenieur B. Nast zu Frankfurt a. M. auf dem Gebiet des Eisenbetonschiffbaus. Ferner hat der Stadtbaurat Perrey zu Mannheim im gleichen Jahre die Schwimmkörper zu einer Badeanstalt im Rhein durch die Firma Heinrich Eisen ausführen lassen und hierbei mit vollem Erfolg sehr dünne Wände (45 mm) hergestellt. Erwähnt seien noch die Firmen Grasdorf in Hannover und Ellmer & Co. in Stettin, die einige Schwimmkörper und Boote aus Beton gebaut haben. Seit dem Jahre 1912 betätigt sich Ingenieur M. Rüdiger zu Hamburg auf dem neuen Gebiet. Die von ihm mitbegründete Eisenbetoschiffbau-G. m. b. H. ist seit Mitte dieses Jahres in eine Aktiengesellschaft umgewandelt, bei der die Firma Wayß & Freytag A.-G. maßgebend beteiligt ist und die Gewähr dafür bietet, daß ihre Errungenschaften im Landbau auch auf dem neuen Gebiet erfolgreiche Anwendung finden. Rüdiger ist für die Verwendung eines besonders leichten Betons an Stelle des allgemein gebräuchlichen Steinschlag- oder Kiesbetons eingetreten. Ob die Wege, die er in bezug auf die Zusammensetzung seines Betons gegangen ist, die richtigen waren, ist zweifelhaft und sein Patent (Nr. 292104, Klasse 80 b Gr. 4) scheint nach manchen Richtungen hin anfechtbar und bedenklich. Jedenfalls haben eingehende und hiervon unabhängige Versuche auf dem Gebiet des Leichtbetons bewiesen, daß bei annehmbaren Zug- und Druckfestigkeiten das spezifische Gewicht des für den Schiffbau verwendbaren Betons um 35—40 % heruntergedrückt werden kann und somit alle diejenigen Nachteile auf ein Minimum zurückgeführt werden können, die aus einem zu großen Eigengewicht des Schiffskörpers folgen.

2. Bisherige Verwendung von Zement und Beton im Eisenschiffbau.

Zement und Beton sind im Eisenschiffbau längst bekannte und vielfach verwendete Materialien, und es sei daher an diejenigen Eigenschaften erinnert, die den Eisenschiffbauer zur Verwendung veranlaßt haben. Die Notwendigkeit, das Innere des Eisenschiffes besonders an schwer zugänglichen Stellen vor Verrostung zu schützen, hat seit langem und in umfangreichem Maße zur Verwendung von Zement in der Form von Anstrichen, Belägen und Ausfüllungen geführt. Der Rostschutz, der auf diese einfache und billige Art dem Eisen verliehen wird, ist bedingt durch das innige Anhaften des Zements am Eisen und durch die Dichtigkeit des Belages, so daß weder der Sauerstoff der Luft noch die Jauche der Bilge auf das Eisen einwirken können.

Nach Losschlagen mit dem Hammer oder bei Havarien läßt sich stets beobachten, daß das Eisen unter dem Zement vollkommen rostfrei blieb. Durch Versuche von A. Lang ist nachgewiesen, daß Portlandzementmörtel und Port landzementbeton in nassem Zustand luftundurchlässig sind. Diese Eigenschaft genügt zur Erklärung des vorzüglichen Rostschutzes. Die landläufige Erklärung für die Rostfreiheit und das Entrosten des Eisens im Beton ist die, daß der Zement auf das Eisen desoxydierend wirkt. Bestätigungen in dieser Richtung liegen im Landbau in Fülle vor. Mörsch weist auf die große Anzahl von Wasserbehältern und Entwässerungsröhren nach dem Moniersystem hin, die selbst nach Jahrzehnte langer Benutzung keine Spur von Rost an den Eiseneinlagen erkennen ließen. Eine wertvolle Erweiterung in dieser Beziehung bilden die Untersuchungen von Dr.-Ing. Probst über die Wirkung rostbildender Substanzen auf die Eisenbewehrung beim Auftreten von Rissen. Er kommt hierbei zu dem Schluß, daß selbst Risse im Beton keine Gefahr für ein Rosten der Armierung bilden, solange nach Überwindung der Streckgrenze des Eisens keine klaffenden Spalte entstanden sind. Probst wandte zur augenfälligen Erzielung einer Rostbildung konzentrierte Mischungen von reiner Kohlensäure, reinem Sauerstoff und Wasserdampf an, wie sie im Schiffsbetrieb niemals vorkommen werden, ebensowenig wie es bei sachgemäßer Konstruktion und normaler Abnutzung zur Rißbildung kommen wird. Im allgemeinen ist die Rostbildung des Eisens im Seewasser erheblich — nach Wedding etwa 8 mal — stärker als in Flußwasser. Nun hat aber Gary bei seinen Versuchen[1]) gefunden, daß in Portlandzementmörtel eingebettete Eisenstäbe in Seewasser gelagert auffallenderweise weniger als in Süßwasser der Verrostung unterliegen. Er führt dies darauf zurück, daß durch die Umsetzung des Kalkes im Mörtel mit der Magnesia des Seewassers ein Porenschluß zustande kommt, so daß das Seewasser nicht auf das Eisen einwirken kann. Alle diese Beobachtungen sprechen für einen guten Schutz der Eiseneinlagen und lassen eine lange Betriebsdauer der Eisenbetonschiffe erwarten. Beweise liegen bereits vor, daß die im Schiffsbetrieb auftretenden eigenartigen Verhältnisse keine Benachteiligung der Rostbeständigkeit im Gefolge haben.

Eine andere wertvolle Eigenschaft von Beton- und betonartigen Stoffen wurde im Eisenschiffbau besonders bei hochwertigen Passagierdampfern ausgenutzt — ihr geringes Wärmeleitvermögen. Wenn auch das Eisen an und

---

[1]) D. A. für E. B. Heft 22.

für sich unverbrennlich ist, so liegt doch in seinem guten Wärmeleitvermögen eine Gefahrquelle begründet, indem Teile der Ladung oder der Einrichtung in den Zustand erhöhter Entflammbarkeit versetzt werden können. Feuerschutzschotten aus Beton sollen diese Gefahr beseitigen und gleichzeitig bewohnte Räume vor der Einwirkung der Kesselraumwärme schützen. Diese Eigenschaft des Betons, die noch nicht lange an Bord der Passagierschiffe ausgenutzt wird, und die früher nur hie und da als Schutz der Doppelbodentankdecke gegen die direkte Einwirkung der Kesselhitze oder bei der Isolierung eines Schottes Beachtung fand, bedeutet für das Eisenbetonschiff einen wesentlichen Vorteil gegenüber einem eisernen Schiff. Bei Fischereifahrzeugen und Nahrungsmitteltransportschiffen wird die Übertragung der Kesselraumwärme eine Quelle des Verderbens der Ladung sein und Vorbeugungsmaßregeln hiergegen notwendig machen. In bezug auf Wohnlichkeit ist das Eisenbetonschiff das günstigere, da der Temperaturausgleich zwischen Schiffsraum und Außenluft auf einem solchen erheblich milder vor sich geht. Die nachstehende Tabelle gibt einen Überblick über die zum Vergleich stehenden wichtigsten Materialien, geordnet nach ihrer Dichte t/m³:

Tabelle Nr. 1.

Folge	Material	Dichte t/m³	Wärmeleit.-Vermögen λ
1.	Eisen	7,85	40/50
2.	Gewöhnl. Beton 1:2:2	2,18	0,65
3.	Portland-Zement (allein)	2,00	0,78
4.	Ziegelmauerwerk	1,45	0,35
5.	Hochofenschlacken-Beton 1:3. 4 . . .	0,55	0,19
6.	Hochofenschaumschlacke (allein) . . .	0,36	0,095
7.	Kiefernholz quer zur Faser	} 0,31/0,76	{ 0,03
	Kiefernholz längs zur Faser		0,10
8.	Rheinischer Bims-Kies, Grobe Stücke .	} 0,301	{ 0,20
	Rheinischer Bims-Kies, Kleine Stücke .		0,079

Die Tabelle beweist die Tatsache, daß, je dichter ein Material, um so besser sein Wärmeleitvermögen. Im wesentlichen bedingen nur Porenbildung und die darin stagnierende Luft den Unterschied bei den steinartigen Baustoffen, da ihre Bestandteile so ziemlich die gleichen sind. Vorgreifend sei hier darauf hingewiesen, daß die Verschiedenheit der spezifischen Gewichte der Betonsorten lediglich auf der Größe der Hohlräume der Zuschlagsstoffe beruht.

Da die Wärmeleitzahl λ sich auf eine Wandstärke von 1 m bezieht, so muß die Verschiedenheit der Wandstärken berücksichtigt werden, um ein klares Bild zu erhalten. Ferner ist der Wärmeübergang von der Innenluft an die Wandung und nach Durchgang durch die Wandung der Übergang von der Wand an die Außenluft zu berücksichtigen, um das Wärmedurchlaßvermögen der einzelnen Baustoffe zu kennzeichnen. Ist $\alpha_1 = 5$ kal./St. m_2 die Wärmeübergangszahl für die Innenluft; $\alpha_2 = 10$ kal./St. m_1 diejenige für die Außenluft, ferner δ die Dicke der Wand, so berechnet sich die Wärmedurchgangszahl k aus der bekannten Beziehung:

$$k = \frac{1}{\frac{1}{\alpha_1} + \frac{\delta}{\lambda} + \frac{1}{\alpha_2}}$$

Hierüber gibt nachstehende Tabelle unter Zugrundelegung einer Wandstärke von 10 mm für das Eisen Aufschluß.

Als Abdichtungsmaterial ist der Beton besonders bei Schiffshavarien benutzt worden, aber auch im regulären Schiffbau konnte er an den schwer abzustemmenden Stellen von Winkelkröpfungen und Durchdringungen als Abdichtung dienen. Als fester Ballast ist der Beton im Segelschiffbau ein geschätzter Baustoff und ersetzt in neuerer Zeit sogar die Bleikiele von Segelyachten.

Tabelle Nr. 2.

Folge	Material	Wandstärke mm	K = Wärmedurchlaßvermögen	Wertung Holz = 1
1.	Eisen	10	3,33	12,12
2.	Gewöhnl. Beton 1:2:2 .	60	2,55	9,28
3.	Leichtbeton	80	1,385	5,04
4.	Holzwand	100	0,275	1,00

3. Die Betonmischung.

Wenn auch die bisherige Verwendung im Eisenschiffbau manche der Eigenschaften des Beton hervorgekehrt hat, so ist die Verwendung als ausschließliches Schiffbaumaterial doch so einschneidend, daß es nötig ist, auf das Zusammenwirken der Bestandteile einer Betonmischung näher einzugehen, weil ohne Kenntnis dieser Einzelheiten ein Verständnis des ganzen Bauwerks nicht möglich ist.

Beton ist ein mechanisches Gemenge eines hydraulischen, d. h. unter Gegenwart von Wasser erhärtenden Bindemittels — Zement — mit Zuschlagstoffen, die dem Gemenge gewünschte Eigenschaften verleihen sollen. Die im Schiffbau zu fordernden Eigenschaften sind neben hinreichender Festigkeit vor allem nicht zu großes spezifisches Gewicht und möglichst vollständige Dichtigkeit, damit Wasser, Öl, Petroleum usw weder eindringen noch durchsickern können, sodann Beständigkeit gegen Angriffe des Seewassers, von Treiböl und gegen Witterungseinflüsse. Diese Eigenschaften lassen sich in einer Betonmischung nur in Form eines Kompromisses vereinigen, und es stellt diesbezüglich der Schiffbau weitgehendere Anforderungen an die Güte einer Betonmischung als es bisher im Landbau, abgesehen von Sonderfällen, nötig gewesen ist.

Der Zementbrei und die feinkörnigen Zuschlagstoffe, der Sand, bilden den Mörtel. Dieser umhüllt allseitig die gröberen Zuschlagstoffe, füllt alle Höhlungen aus und kittet, indem die chemischen Verbindungen, die später näher besprochen werden, Steinhärte erlangen, alle Bestandteile der Mischung zu einer festen, dem Naturgestein an Widerstandsfähigkeit und Unveränderlichkeit ähnlichen Masse zusammen. Die Bindekraft des Mörtels tritt um so mehr hervor, je reichlicher der Zement in der Mischung vorhanden ist, je besser die Zuschlagstoffe eingebettet sind. Das Volumen des Zements zu dem der Zuschlagstoffe, das Mischungsverhältnis, hat daher betreffs der Güte einer Betonmischung eine ausschlaggebende Bedeutung. Insofern jedoch die Zuschlagstoffe keine geringere Materialfestigkeit besitzen als der Mörtel nach seiner Erhärtung, wird die Festigkeit des Betons durch die Magerung nicht wesentlich beeinträchtigt, immer vorausgesetzt, daß noch genügend Mörtel für allseitige Verkittung der Zuschlagstoffe und Füllung aller Hohlräume angewendet ist. Durch reichlichere Zumessung der Zuschlagstoffe hat man es in der Hand, haushälterisch zu arbeiten, da der Kubikmeter Zement etwa zehnmal so teuer ist als ein Kubikmeter Zuschlagsstoff. Es sei jedoch bemerkt, daß der Gesichtspunkt der Ökonomie an Zement im Betonschiffbau keine ausschlaggebende Rolle spielt, da es sich bei Herstellung eines Schiffskörpers um verhältnismäßig geringe Betonmengen handelt, daß vielmehr die geringe Dicke der Wandungen eine Qualitätsarbeit bedingt, die in weit höherem Maß die Gestehungskosten beeinflußt als einige Kubikmeter Zement mehr oder weniger. Der Grund, warum man Zuschlagstoffe dem Zementmörtel zusetzt, ist hauptsächlich der, einen in bezug auf das ganze Bauwerk wirtschaftlichen Beton zu erhalten, d. h. einen leichten Schiffskörper. Sehr hohe Druckfestigkeit eines besten, sehr fetten Betons läßt sich mit Rücksicht auf dessen immerhin geringe Zugfestigkeit im Schiffbau nicht voll ausnützen. Dieser geringen Zugfestigkeit Rechnung tragend und aus praktischen Gründen ist man genötigt, dickere Wandstärken, größere Materialabmessungen zu wählen, als sich rechnerisch unter alleiniger Berücksichtigung der durch den Beton aufzunehmenden Druckspannungen ergeben würde. Man begnügt sich also mit einer geringeren Druckfestigkeit, wählt etwas stärkere Dimensionen und mischt dafür den Beton durch Zusatz von leichten Zuschlagsstoffen so, daß sein spezifisches Gewicht einen Vorteil mit Rücksicht auf das gesamte Schiffseigengewicht übrig läßt. Hierbei ist allerdings Voraussetzung, daß die schließliche Zugfestigkeit des Betons hinreichend ist.

Ein weiterer Gesichtspunkt für die Magerung durch Beischläge, der sich praktisch ergeben hat, ist der, der Bildung von Schwindrissen, jenen haarfeinen Zerteilungen der Oberfläche, vorzubeugen. Bei einem durch indifferente Stoffe hinreichend gemagerten Zement sind die beim Austrocknen auftretenden Zugspannungen an und für sich geringer als bei einem fast aus reinem Zement bestehenden Mörtel. Sodann wirken die Zuschlagsstoffe verteilend auf die Schwindspannungen, indem die am meisten ausgetrocknete Oberschicht durch die in die noch feuchte Unterschicht hineinragenden Zuschlagsstücke gestützt und entlastet wird.

Die Festigkeit einer Betonmischung ist hauptsächlich von drei Faktoren abhängig:

1. von der Festigkeit und dem Erhärtungsgrad des Mörtels,
2. von der Materialfestigkeit des Zuschlags,
3. von der Haftfestigkeit zwischen Mörtel und Zuschlag.

Die Festigkeit des Mörtels ist natürlich durch die Güte des Zements bedingt. Zwischen den verschiedenen Fabrikaten bestehen in bezug hierauf große Unterschiede, und es braucht nicht erst gesagt zu werden, daß die Verwendung der besten Marken für den Schiffbau Voraussetzung ist. Seit einigen Jahren werden im Landbau neben dem bewährten Portlandzement auch aus basischer Hochofenschlacke hergestellte Zementsorten verwendet. Da sie im Meereswasser besonders beständig sein sollen und ihnen eine hohe Zugfestigkeit nachgerühmt wird, so dürften sie im Betonschiffbau Anwendung finden. Die Fortentwicklung der Zementtechnik wird sicher dem Schiffbau noch Zemente liefern, die in noch erheblich höherem Maße, als dies schon jetzt möglich ist, den speziellen Anforderungen gerecht werden. Die Festigkeit des Mörtels nimmt mit fortschreitender Erhärtung zu — je älter ein Beton, desto fester ist er. Es ist also notwendig, den neu gegossenen Schiffskörper längere Zeit — mindestens einen Monat — nach erfolgtem Guß auf

der Helling stehen zu lassen und auch bei Ausbesserungsarbeiten hierauf
Rücksicht zu nehmen oder aber in besonderen Fällen einen schnell bindenden
Zement oder ein fetteres Mischungsverhältnis zu verwenden. In den Abbil-
dungen 1 und 2 ist die Zunahme an Druckfestigkeit in Abhängigkeit von dem
Alter dargestellt.

Abb. 1 veranschaulicht die Erhärtung einiger Betonsorten an der Luft.
Das Mischungsverhältnis bei allen 3 Sorten ist 1 : 3. Jedoch hat der Beton I
ein spezifisches Gewicht von etwa 2,4 gegenüber 1,9 und 1,4 der Beton-

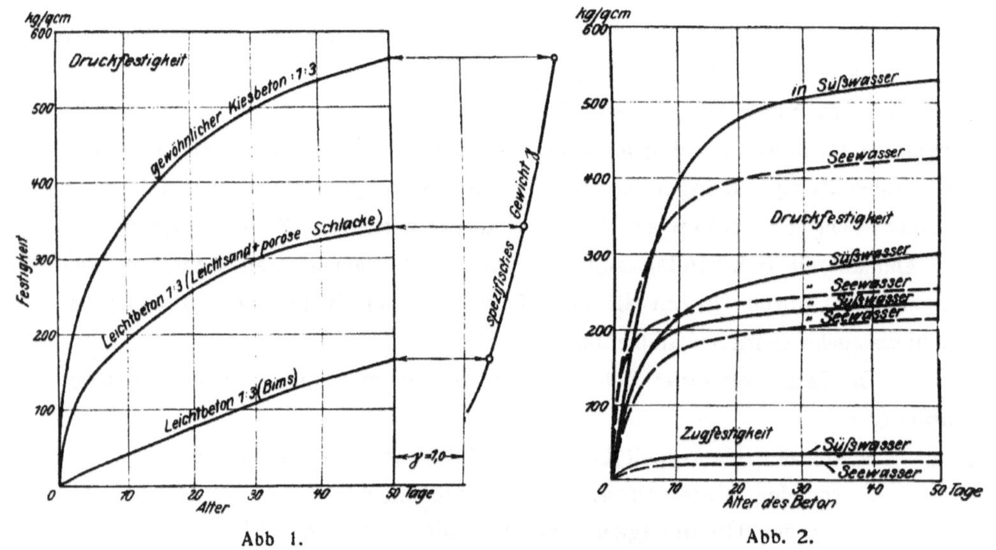

Abb 1.   Abb. 2.

sorten II und III. Auf dem Diagramm ist die Zunahme des spezifischen
Gewichts mit zunehmender Festigkeit durch die seitlich des Diagramms auf-
getragene·Kurve gekennzeichnet. Für den Schiffbau in Frage kommen dürfte
eine mittlere Betonmischung ähnlich der Sorte II, da I infolge zu hohen Ge-
wichtes, III aber wegen zu geringer Festigkeit ausscheidet.

Abb. 2 gibt den Erhärtungsvorgang von Betonmischungen in Süß-
und Seewasser wieder.[1]) Es ergibt sich die bemerkenswerte Tatsache, daß bei
Erhärtung in Seewasser nicht so große Festigkeit erreicht wird als in Frisch-
wasser. Die Erhärtung im Wasser scheint sich, nach dem Charakter der
Kurven, gegenüber Abb. 1, zu urteilen, rascher zu vollziehen als an der Luft.
was sich aus der Natur der chemischen Umsetzungen und des nachfolgenden

---

[1]) Aufgetragen nach Untersuchungen von Dr. Strebel (Hemmoor) Fachschrift „Cement"
Nr. 24, 1916.

Kristallisationsprozesses erklären läßt. Es ist übrigens hier zu bemerken, daß andere Forscher einen wesentlichen Unterschied in der Erhärtung in See- oder Süßwasser nicht festgestellt haben. Für die Dauerhaftigkeit des Schiffskörpers wäre ein solcher übrigens ziemlich belanglos, da der Erhärtungsprozeß beim Stapellauf im wesentlichen abgeschlossen ist, und die Benetzung mit Seewasser nur an der äußeren Oberfläche der Außenhaut stattfindet. Das Diagramm soll beweisen, daß nach etwa einem Monat der Haupterhärtungsvorgang abgeschlossen ist und daß sich in bezug hierauf die Zementsorten trotz unterschiedlicher Fabrikation gleichartig verhalten. In Abb. 2 sind außer den Druckfestigkeiten auch die erzielten Zugfestigkeiten eingetragen und hieraus ist zu ersehen. wie sehr dieselben hinter den ersteren zurückbleiben.

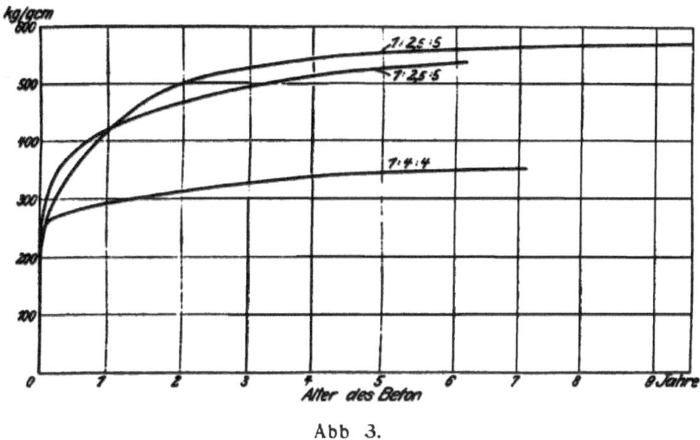

Abb 3.

Abb. 3 zeigt die an die erste Periode des energisch fortschreitenden Erhärtungsprozesses sich anschließende Zeit der langsamen Festigkeitszunahme. Die Härte nimmt im Lauf der Jahre nicht unwesentlich zu, so daß bei einem Betonschiff im Gegensatz zu einem eisernen oder hölzernen Schiff nicht ohne weiteres in dem Älterwerden des Baumaterials ein Grund zur Altersschwäche gegeben ist. Die Druckfestigkeit, der sich ein Beton asymptotisch nähert, ist von C. von Bach mit 786 kg/qcm angegeben worden. Im Vergleich zur Festigkeit der natürlichen Gesteine ist diese Zahl als Grenzwert niedrig zu nennen. Granit weist eine Höchstfestigkeit von 2000—2200 kg/qcm, Basalt sogar zwischen 3000 und 4000 kg/qcm bei 4 cm Kantenlänge der gedrückten Würfel auf. Es läßt sich hiernach vermuten, daß man auch mit Betonmischungen noch höhere Festigkeiten als seither erzielen könne.

Hinsichtlich der Materialfestigkeit lassen sich die Zuschlagstoffe in zwei Gruppen einteilen. Die erste Gruppe umfaßt solche Mineralien, die bei dichtem Gefüge eine hohe Materialfestigkeit haben; sie gelangen vorwiegend beim Festbeton zur Verwendung. Hierher gehören 1. Fluß und Grubensand, 2. Kies, 3. Steinschlag in der Form von Grus, Splitt und Schotter. Während Sand und Kies meist im Naturzustand verwendet werden, wird der Steinschlag durch Zerkleinern gröberer Stücke hergestellt. Durch das Brechen wird das Gefüge des Gesteins erschüttert, so daß die Festigkeit des Steinschlags etwas niedriger ist, als die des unberührten Gesteins. Immerhin ist die Materialfestigkeit dieser Zuschlagstoffe höher, zum mindesten nicht niedriger als die Mörtelfestigkeit. Die Festigkeit des Kieses ist derjenigen des Steinschlags überlegen. Da jedoch der Kies — besonders der vielverwendete Flußkies — eine glatte, der Steinschlag aber eine rauhe, zur Erzeugung einer hohen Haftfestigkeit geeignete Oberfläche hat, so wird die mit Kiesbeton erreichbare Festigkeit durch die Mörtel- und Haftfestigkeit begrenzt. Die Zugfestigkeit des Steinschlagbetons, besonders des Granitbetons, ist wesentlich besser als die des Kiesbetons, was ohne weiteres durch den besseren Halt der rauhen Bruchsteinstücke im Mörtel zu erklären ist.

Die zweite Gruppe der Zuschlagstoffe umfaßt die porösen Schlacken, welche beim Leichtbeton als Zuschlag dienen. Sie sind teils vulkanischen, teils hüttentechnischen Ursprungs:

1. die Spielarten des Bimssteins,
2. die vulkanischen Tuffe und Sandarten,
3. die granulierten Hochofenschlacken.

Die Materialfestigkeit der porösen Schlacken ist niedriger — zum Teil erheblich — als die Mörtelfestigkeit. Während die Druckfestigkeit von Granit und Syenit mit 800—1600 kg/qcm im Mittel angegeben wird, ist diejenige der Tuffe nur mit höchstens 150—200 kg/qcm in Ansatz zu bringen. Demgemäß werden auch die Betonfestigkeiten beeinflußt: Steinschlag vermehrt, Schlacke vermindert die Festigkeit. Die feinen Wandungen, Säulchen, Verästelungen im Innern eines Bimssteins, einer schäumigen Schlacke brechen leicht unter der Einwirkung einer Belastung zusammen, so daß die Festigkeit eines mit einem derartigen gebrechlichen Zuschlagstoff durchsetzten Betongemisches hiervon nicht unbeeinflußt bleiben kann. Abb. 4 zeigt die Bruchfläche eines Kiesbetons; die einzelnen Kiesel sind im wesentlichen unzerstört und sie sind

Abb. 4.

Abb. 5.

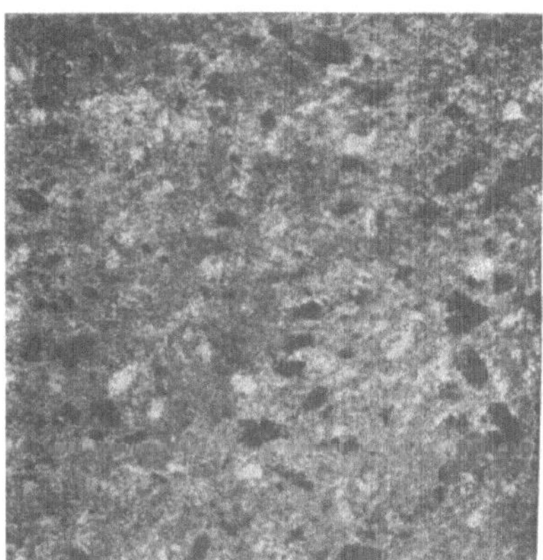

Abb. 6.

Stück für Stück aus dem Mörtelbett losgelöst. Anders Abb. 5[1]), welche die
Bruchfläche eines Steinschlagbetons darstellt. Hier ist der größte Teil der
Steinschlagstücke mitten durchgebrochen. An der zerklüfteten Bruchfläche
ist zu erkennen, daß der Steinschlag der Zertrümmerung des Betons erheblichen Widerstand entgegengesetzt hat. Die Abb. 6 zeigt die Bruchfläche
eines Würfels aus Leichtbeton mit Bimsstein als Beischlag. Das glatte und
feinkörnige Aussehen der Bruchfläche ist darauf zurückzuführen, daß die einzelnen Zuschlagsstücke, ohne der Zerstörung erheblichen Widerstand ent-
gegenzusetzen. alle durchgebrochen sind. Die Aufgabe, einen wirklich ein-

---

[1]) Vom Materialprüfungsamt der Kgl. Techn. Hochschule Stuttgart freundlichst über-
lassen.

wandfreien und verwendbaren Leichtbeton zu schaffen ist schwierig aber nicht unlösbar. Mir ist bekannt, daß es sich die Eisenbetonindustrie viel Mühe hat kosten lassen, die richtigen Stoffe und Mischungsverhältnisse herauszufinden und daß auch gegenwärtig noch ein umfangreiches Programm von Versuchen in der Durchführung begriffen ist.

Die Haftfestigkeit zwischen Mörtel und Zugschlagstoff wird in erster Linie durch die physikalische Beschaffenheit der Oberfläche der letzteren beeinflußt. Wir sehen, daß der glatte Kiesel sich leichter aus der Mischung löst als der zerklüftete Bruchstein. Auch das chemische Verhalten der Zuschlagstoffe kann die Haftfestigkeit fördern. Die meisten der Schlackenarten enthalten aufgeschlossene Kieselsäure, so daß sie — ähnlich wie der Zement selbst — bei Gegenwart von Kalkhydrat an der Oberfläche hydraulische Bindungen eingehen, die für die Festigkeit förderlich sind. Dies ist natürlich nur ein kleiner Vorteil der porösen Schlacken gegenüber den festen Gesteinzuschlägen, und es ist gut, die schlackenartigen Stoffe um so feinkörniger zu verwenden, je geringer ihre Materialfestigkeit ist, da in diesem Falle die Struktur infolge der geringeren Knicklängen weniger leicht zu Bruch geht und dann die chemische Bindung um so mehr zur Geltung kommen kann.

Befürchtungen bei der Anwendung poröser Zuschlagstoffe hat man darin gesehen, daß sie sich — falls die Oberfläche des Betons nicht besonders geschützt sei —, im Wasser vollsaugen und infolgedessen der erstrebte Zweck besonderer Leichtigkeit illusorisch werden könnte. Wir werden später noch sehen, daß die Beständigkeit des Betons im Seewasser an seine Dichtigkeit gebunden ist, und daß in gleicher Weise auch die Eiseneinlage nur in einem dichten Beton genügend Schutz gegen Verrosten findet. Nun haben aber Versuche mit Leichtbeton und Beobachtungen am ausgeführten Schiff ergeben, daß die Wassereinsaugung nur in der ersten Zeit seiner Wasserbenetzung von Erheblichkeit ist. Nach einigen Tagen Feuchthaltung setzt in der Betonmasse die Schwellung des Mörtels ein, so daß die der Benetzung abgewandte Seite der Betonwandung allmählich zu trocknen beginnt als Folge der inneren Abdichtung durch Schwellung. Indes ist man nicht genötigt, sich auf den Vorgang der Schwellung zu verlassen, da absolute Dichtigkeit durch geeignete Oberflächenbehandlung erreicht werden kann.

Abgesehen von der Fettheit der Mischung ist die Dichtigkeit eines Betons von der Art der Körnung der Zuschlagstoffe abhängig. Die Zwischenräume zwischen den gröberen Stücken müssen durch kleinere Teile ausgefüllt

werden, und diese wiederum durch den feinen Mörtel- und Zement-
schlamm völlig eingehüllt sein, wenn eine hinreichende Dichtigkeit erzielt
werden soll. Es ist also Bedingung, daß die Zuschlagstoffe verschiedenes
Korn haben oder zumindest aus groben und feinen Teilen bestehen, und daß
der Mörtel sich in solch flüssigem Zustand befindet. daß er ohne besonderes
Zutun in die engen Höhlungen zwischen den Sand- und Kieskörnern gelangen
kann. Große Schotterstücke geben selbst bei Einstampfen des Betons An-
laß zur Undichtigkeit und Hohlraumbildung, da die Stampfarbeit nicht bis
zur untersten Stelle der Stampfschicht durchdringen kann. Bei Stampfbeton
schließt sich abwechselnd die hartgestampfte Oberschicht an die erheblich
weniger durchgearbeitete Unterfläche der darüberliegenden Schicht. Durch
diese Fugenbildung wird die Dichtigkeit sehr beeinträchtigt, so daß im Schiffbau nur mit Teig- oder Gußbeton gearbeitet werden kann. Auch die Art des
Bauwerks — größtenteils senkrecht verlaufende dünne Wandungen mit
zahlreichen anschließenden Versteifungsrippen — läßt nur die Verwendung
von Teig- oder Gußbeton zu, da ein Verschieben der Eiseneinlagen beim Einbringen des Betons unter allen Umständen vermieden werden muß. Die Gefahr
einer Entmischung des Betons, d. h. der Absonderung der schweren Zuschlagstoffe von dem Mörtel, weiß man durch geeignete Maßnahmen beim Eingießen
zu verhüten. Jedenfalls sollten auch aus diesem Grunde in den Betongemischen
für Schiffbau grobe Zuschlagteile nicht verwendet werden. Die Bildung von
Steinnestern sowie von Verstopfungen zwischen den Verschalungen und Eiseneinlagen ist dann nicht zu befürchten.

　　Das Problem eines völlig dichten Betons ist nicht erst mit dem Auf-
kommen des modernen Eisenbetonschiffbaus brennend geworden. Schon seit
langem stellt der Bau von Wasserbehältern, Talsperren, Schleusen, Öl-
reservoiren, Kammern und Behältern für die chemische Industrie die gleichen
Aufgaben. Die bis jetzt hierin erzielten Erfolge lassen mit Bestimmtheit
erwarten, daß auch die Anforderungen des Schiffbaus erfüllt werden.

　　Dichtigkeit der Betonoberfläche läßt sich erzielen durch eine Reihe von
Anstrich- und Tränkungsmitteln, die vor allem bituminöse Stoffe enthalten.
ferner durch Glasurverfahren, welche auf kleinen Flächen recht gute Ergebnisse liefern, jedoch für die große Oberfläche des lebenden Werkes noch nicht
völlig erprobt sind. Schlämmung und Verputz der Oberfläche in geringen
Dicken ist die aussichtsvollste Vorkehr. Bei dem letzteren kommt es besonders auf die Qualität der letzten Politur an, indem eine gut durchgearbeitete
Zementschicht von der Dicke von Bruchteilen eines Millimeters vollkommene

Dichtigkeit verbürgt. Ferner sind zu erwähnen die Mittel, die dem Zement bei-
gemischt werden, um ihn wasserabweisend und dicht zu machen. Hierher gehören unter anderem die aus bituminösem Schiefergestein hergestellten Stoffe,
die mit den normalen Zementklinkern in bestimmtem Verhältnis vermahlen
werden. Leider geht die Beimischung mancher dieser Stoffe, soviel mir bekannt,
mit einer Herabminderung der Festigkeit Hand in Hand, ein Umstand, der
durch die unbeabsichtigte Magerung des Zementes zu erklären wäre.

Die Güte einer Betonmischung wird außer von den soeben erörterten
physikalischen Bedingungen, vor allem durch die Bindekraft des Zementes,
welche auf chemischen Vorgängen beim Abbinden und nachfolgendem Er
härten beruht, gewährleistet, und es verlohnt sich hierbei, als zum Verständnis
der Wirkungsweise des Betons unerläßlich, etwas zu verweilen. Es muß
allerdings hier bemerkt werden, daß sich die Zementfachleute noch nicht
darüber einig sind, wie die chemische Umsetzung vor sich geht, und welches
die schließlichen Ergebnisse derselben sind. Obwohl mir diese Sachlage bekannt ist, hielt ich es nicht für richtig, die chemischen Vorgänge unberührt
zu lassen. In Tabelle Nr. 3 ist die chemische Zusammensetzung einiger

Tabelle Nr. 3.

Analysen der Zemente auf geglühte Substanz berechnet [1]:			
	Portland-Zement	Eisenportland-Zement	Hochofen-Zement
Unlösliches	0,31 %	0,83 %	1,55 %
SiO_2 Kieselsäureanhydrid	21,66 ,,	26,00 ,,	26,61 ,,
Al_2O_3 Ton	6,76 ,,	7,47 ,,	10,45 ,,
Fe_2O_3 Eisenoxyd	4,04 ,,	3,04 ,,	1,19 ,,
CaO Kalk	64,38 ,,	57,46 ,,	53,61 ,,
MgO Magnesia	1,34 ,,	2,73 ,,	3,89 ,,
SO_3 Schwefelsäureanhydrid . . .	1,52 ,,	1,65 ,,	1,24 ,,
Sulfidschwefel	0,05 ,,	1,11 ,,	1,30 ,,

wichtiger Zementarten zusammengestellt. Die wirksamen Grundstoffe sind
Kieselsäure, Kalk und Ton. Ihre Wirkung ist die folgende: Das Kieselsäure-
Anhydrid SiO_2 und der gebrannte Kalk CaO befinden sich infolge Glühens bei
der Fabrikation des Zementes in diesem in aufgeschlossenem, d. h. wasser-
löslichem Zustand. Beim Anmachen mit Wasser nehmen beide Bestandteile
Konstitutionswasser auf unter Bildung von H_2SiO_3 und $Ca(OH)_2$. Diesen
Vorgang nennt man das Abbinden des Zementes und unterscheidet schnell und

---

[1] Nach Dr. Strebel (Hemmoor) Zeitschrift „Cement" 1916.

langsam bindende Z e m e n t a r t e n , wobei die Sorten erster Art spätestens nach 15 Minuten, die der zweiten Art nicht früher als ein bis zwei Stunden nach dem Zusetzen des Anmachwassers zu erhärten beginnen.

Die Tonerde, welche in ausgeglühtem Zustand in Wasser unlöslich ist, nimmt an dem Vorgang des Abbindens nicht teil, jedoch um so energischer an dem weiteren Verlauf der chemischen Umsetzung, der Bildung der Salze, dem ersten Teil der Erhärtung. Sie verhält sich gegenüber dem gelöschten Kalk wie eine Säure und vereinigt sich mit ihm zu Kalkaluminaten, die Steinhärte annehmen. Mit der Kieselsäure, die wahrscheinlich auch in der Form von Polykieselsäure vorhanden ist, verbindet sich der Kalk zu unlöslichen Verbindungen, den Kalziumsilikaten, die die wichtigsten Bestandteile der erhärtenden Betonmischung darstellen. Schließlich finden zwischen der Kieselsäure und der Tonerde Umsetzungen statt, indem sich Tonerdesilikate bilden.

Die übrigen Bestandteile des Zements sind von geringer Bedeutung für seine hydraulischen Eigenschaften. Das Eisenoxyd begünstigt das Sintern der Zementziegel bei der Fabrikation. Für den Erhärtungsprozeß spielt es eine ähnliche Rolle wie die Tonerde. Die Magnesia bildet Silikat und Hydrat, Verbindungen, die langsamer als die übrigen erhärten. Die Folge ist, daß die mit den bei einem Erhärtungsprozeß stets einhergehenden Volumenänderungen in den bereits gefestigten Bestandteilen des Mörtels Gefügezerstörungen hervorrufen können, die eine Herabsetzung der Festigkeit zur Folge haben. Bei einem guten Zement sollen daher nur ganz geringe Mengen von Magnesia vorhanden sein.

Das Erhärten vollzieht sich in der ersten Zeit nach dem Abbinden des Zements energischer, späterhin langsamer, ohne jemals vollständig zum Stillstand zu kommen. Den rein chemischen Vorgängen parallel geht die Bildung der Kristalle. Kristallinische Struktur ist bei allen Betonmischungen nachweisbar und bei gelegentlicher Hohlraumbildung mit bloßem Auge zu erkennen. Je intensiver sich der Kristallisationsprozeß vollzieht, um so höher wird die Festigkeit des Betons.

Bei ungeeigneter Mischung und bei Auswahl eines untauglichen Zements wird Beton im Seewasser zerstört. Aber ebenso wie auch das Eisen im Meerwasser einer stärkeren Verrostung unterliegt und dennoch als Schiffbaumaterial geeignet befunden wird, so ist auch der Beton keineswegs aus diesen Gründen als Schiffbaumaterial ungeeignet, zumal seine Widerstandsfähigkeit gegen die Einwirkung des Meerwassers erheblich gesteigert werden kann.

Eine Mischung von chemisch aufeinander einwirkenden Stoffen ist in ihrem schließlichen Ergebnis um so beständiger, je weniger Bestandteile im Überschuß vorhanden sind. Ist bei einem Zement Kalk im Überschuß vorhanden, so schließt sich bei Erhärtung an der Luft eine Bildung von kohlensaurem Kalk an, die die Güte und Festigkeit des Betons verbessert. Anders bei Erhärtung unter Wasser. Hier bleibt die Zufuhr von Kohlensäure auf einen sehr geringen Betrag beschränkt und mithin kann die Erhärtung des überschüssigen Kalkhydrats zum Schaden des Betons nicht vor sich gehen. Bei Erhärtung in Seewasser ist dies nicht ohne Bedenken, da der freie Kalk mit den Salzen des Seewassers in Wechselwirkung tritt. Betrachten wir daher die Zusammensetzung des Seewassers etwas näher. In 1000 Teilen Seewasser sind enthalten:[1]

Tabelle Nr. 5.

	Stiller Ozean	Atlant. Ozean	Nordsee	Rotes Meer
Chlornatrium NaCl	25,88	27,56	25,51	30,30
Chlormagnesium $MgCl_2$	4,34	3,26	4,64	4,04
Chlorkalium KCl	—	—	—	2,88
Bromnatrium NaBr	0,40	0,33	0,37	0,64
Schwefelsaures Kalium K_2SO_4 . . .	1,36	1,71	1,53	2,95
Schwefelsaurer Kalk $CaSO_4$	1,62	2,05	1,62	1,79
Schwefelsaure Magnesia $MgSO_4$ . .	1,10	0,61	0,70	2,74
Summa	34,71	35,52	34,37	45,34

Teile

Der geringe Gehalt des Meerwassers an schädlichen Sulfaten und Chloriden darf nicht zu der naheliegenden Annahme einer Ungefährlichkeit derartiger schwacher Lösungen verleiten. Ist der Beton undicht, so bedingt die ständige Bespülung und gierige Aufsaugung der Salze eine Aufspeicherung derselben im Mörtel, die einer stärkeren Konzentration gleichzusetzen ist. Der überschüssige Kalk des Zementes geht mit den Sulfaten des Seewassers Verbindungen ein; es bildet sich Gips ($CaSO_4$). Der in Wasser lösliche Gips wirkt auf die Kalk und Tonerde enthaltenden Salze des Mörtels ein, indem sich Kalziumsulfoaluminat bildet. Dieses Salz nimmt nach Dr. Michaelis erhebliche Mengen Wasser auf und übt durch die Volumenvermehrung eine treibende, also zerstörende Wirkung auf das Gefüge des

---

[1] Nach Anselmino „Das Wasser". Teubner.

Mörtels aus. Durch Auswaschen der wasserlöslichen Verbindungen bilden sich an der Oberfläche Hohlräume, die nun der Ausgangspunkt für weitere Zerstörungen werden.

Von den Chloriden ist nur das Chlormagnesium schädlich, da Kochsalz (NaCl) bei der Anlage von Eisenbetonbehältern in Salzbergwerken niemals eine nachteilige Wirkung auf den Beton ausgeübt hat.

Ein englischer Fachmann vertritt die Ansicht, daß die Magnesiasalze des Seewassers einen zerstörenden Einfluß auf Beton ausüben, wenn das Seewasser in den Beton eindringen kann. So weit darf und braucht es nicht zu kommen; ich möchte hier nochmals auf die durch lange Versuchserfahrung gestützte Ansicht verweisen, wonach durch Austausch zwischen den Magnesiasalzen des Meerwassers und den Kalksalzen des Mörtels schon an der Oberfläche ein Porenschluß zustande kommt, der die weitere Zerstörung des Zements verhindert. So schädlich die Magnesia im Innern eines Betongemisches werden kann, so nützlich erweist sie sich an der Oberfläche desselben. Von Einfluß auf die Verwitterung des Betons dürfte die mechanische Einwirkung des Wassers auf die Oberfläche sein. Wellenschlag, Eisgang, ebenso Frost und Hitze befördern die Tendenz zur Auslaugung des Zements durch Zermürbung der Oberfläche. Die Mittel gegen diese Angriffe sind gegeben: erstens, durch möglichst dichte Herstellung des Betongefüges, zum mindesten der Oberfläche desselben; zweitens durch Wahl eines gegen die Einwirkung des Seewassers möglichst unempfindlichen Zements und drittens durch Bindung des etwa überschüssigen Kalkhydrates vermittels aufgeschlossener Kieselsäure. Der erste Punkt, möglichste Abdichtung der Oberfläche, ist vielleicht das wichtigste und wirksamste Mittel. Bei Auswahl des Zements sind dem Gehalt an Kalk und besonders an Tonerde Beachtung zu schenken; es darf darauf hingewiesen werden, daß der teilweise Ersatz des Tons durch Eisenoxyd zur Fabrikation eines sehr seewasserbeständigen Zements, des Erzzements, geführt hat. Das dritte Mittel, die Bindung des überschüssigen Kalks, kann durch Zusatz von Traß durchgeführt werden. Versuche mit Traßzementmörteln haben erwiesen, daß durch Zusatz von Traß der Mörtel für die Benutzung im Seewasser geeigneter wird. Bei Traßzusatz folgt erhöhte Dichtigkeit und größere Elastizität des Betons, da Traß ein geringeres spezifisches Gewicht als Zement besitzt und langsamer erhärtet, ohne die schließlich erreichbare Endfestigkeit herabzusetzen. Es darf aber im Schiffbau der Traß nur als Zuschlagstoff — nicht als Bindemittel —

verwendet werden, damit eine nicht beabsichtigte Magerung des Zements über das als richtig erkannte Mischungsverhältnis hinaus vermieden wird.

4. Das Eisen.

Der Bau von Betonschiffen ist nur möglich unter Anwendung eines vollkommen durchgebildeten, in den Beton eingebetteten Eisengerippes, der Bewehrung. Der Gedanke, Betonschiffe unter Ausschluß einer Eiseneinlage herzustellen, ist praktisch völlig bedeutungslos, da die geringen Schub- und Zugfestigkeiten des Betons eine derartige Bauweise wirtschaftlich unmöglich machen. Erst dadurch, daß der eisernen Bewehrung

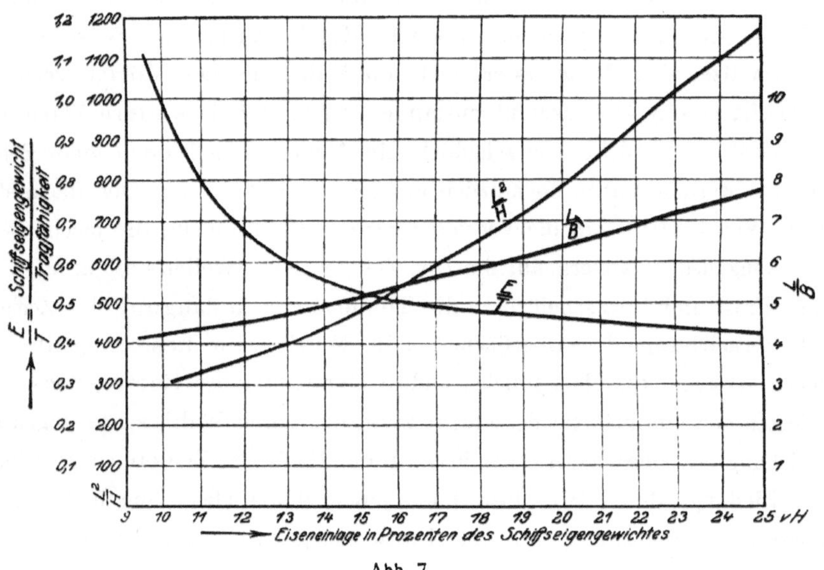

Abb. 7.

die Aufnahme der Zug- und Schubspannungen, dem Beton die Übertragung der Druckspannungen zugewiesen wird, — Monier hatte dieses Prinzip noch nicht erkannt —, ist es erreichbar, die Vorteile beider Baustoffe zur Herstellung konkurrenzfähiger Schiffskörper auszunutzen.

Einem Deutschen, Mathias Koenen, gebührt der Ruhm, das Prinzip der richtigen Spannungszuweisung und die statische Berechnung in die Erfindung Moniers hineingebracht zu haben, während G. A. Wayss als erster das Moniersystem in der richtigen Form in Deutschland zur Einführung und Anerkennung brachte. Den wissenschaftlichen Ausbau in Theorie und Praxis verdanken wir neben Koenen in der Hauptsache E. Mörsch.

Je mehr Eisen ein Betonschiff enthält, um so ähnlicher wird es einem Eisenschiff. A. A. Boon weist darauf hin, daß zur Aufnahme der Konstruktions- und der Schwindspannungen eine reichliche Menge Eisen unerläßlich ist. Sieht man die Ersparnis an Eisen als eine der Haupttriebfedern zum Bau von Eisenbetonschiffen an Stelle reiner Eisenschiffe an, so ist in den soeben angedeuteten Anforderungen eine Grenze gezogen, die, ohne den wirtschaftlichen Erfolg in Frage zu stellen, nicht überschritten werden darf. Diagramm Nr. 7 gibt auf Grund bekanntgewordener Entwürfe und Ausführungen einen zahlenmäßigen Zusammenhang zwischen dem aufgewendeten Prozentsatz an Eisen in bezug auf das Eigengewicht der Betonschiffe und dem Verhältnis der letzteren zur Tragfähigkeit, wobei diese auf ein Verhältnis von $\frac{H}{Tg} = 1.3$ bezogen wurde. Das Diagramm kann nur als vorläufiger Anhalt gelten und bedarf der Kontrolle und Ergänzung durch weitere Ausführungsbeispiele. Die Tatsache dürfte jedoch durch dasselbe erwiesen sein, daß der wirtschaftliche Nutzeffekt mit der Vermehrung der Eiseneinlage zunimmt.

Das im Eisenbetonbau fast durchweg in der Form von Rundeisenstangen verwendete Material ist gewöhnliches Handelsflußeisen von 3800 bis 4200 kg/qcm Festigkeit bei 25—30% Bruchdehnung. Der Durchmesser für die Tragstäbe, welche die Haupt-Zug- und Druckkräfte aufnehmen, schwankt von 7—30 mm, während für die Verteilungsstäbe und Bügel zur Sicherung gegen Ausknicken und zur festen Lagerung der Tragstäbe Rundeisen und Drähte unter 8 mm Durchmesser genommen werden. Flach- und Profileisen, ferner Drahtnetz und Streckmetall kommt im Schiffbau in so geringer Menge zur Verwendung, daß hierdurch das vorteilhafte Bild einer erheblichen Vereinfachung im Bezug und in der Fabrikation des benötigten Eisenmaterials nicht beeinträchtigt wird. Es ist kaum zu erwarten, daß gegenüber dem Landbau im Betonschiffbau anderes als Rundeisen eine Verwendung finden wird. Die Absicht, mit abgefastem und gewundenem Rundeisen Versuche zu machen, besteht und hat besonders in Amerika bei Schiffbauten zur Anwendung geführt. Ebenso ist der Vorschlag gemacht worden, an Stelle des Flußeisens hochwertige Eisen- und Stahlsorten zu verwenden. Alles dies hat nur dann einen Zweck, wenn sich die besseren Eigenschaften einer solchen Bewehrung mit Rücksicht auf das Zusammenarbeiten mit dem Beton ausnutzen lassen. Hierfür sind zwei Punkte maßgebend: 1. die Haftfestigkeit zwischen Eisen und Betonmasse, 2. die Formänderung des Eisens gegenüber dem Beton.

Je besser der Verbund zwischen Beton und Eisen ist, um so inniger findet eine Übertragung der guten Eigenschaften des einen Materials auf das andere statt. Bei glatter Armierung ist es hauptsächlich die Rauheit der

Knoten-(Thacher-)Eisen.

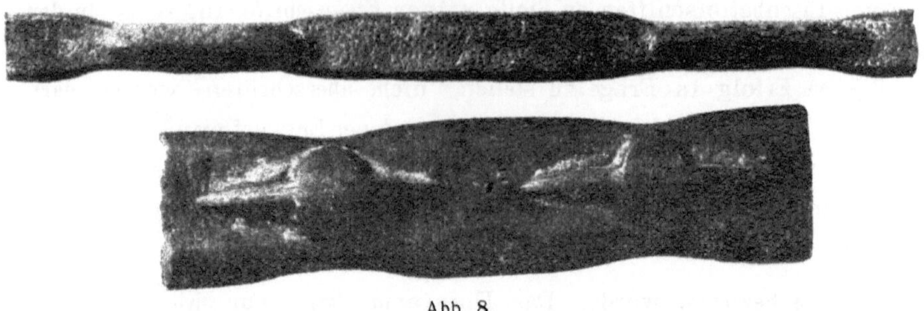

Abb. 8.

Gezahntes (Johnson-)Eisen.

Abb. 9.

Gedrehtes Eisen.

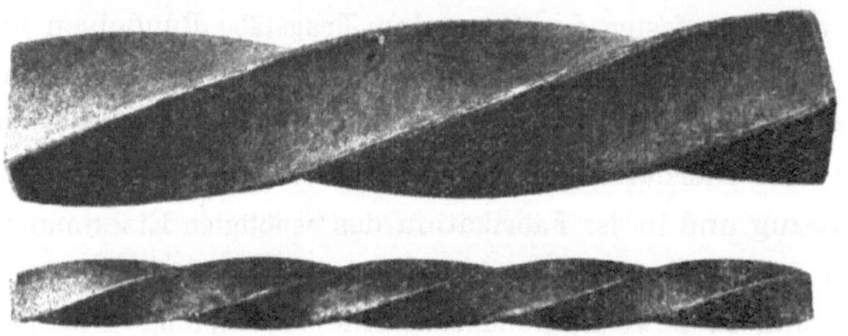

Abb. 10.

Oberfläche, die dem sich beim Erhärten zusammenziehenden Beton die Möglichkeit eines festen Anhaftens bietet. Da der kreisrunde Querschnitt im Verhältnis zu seinem Flächeninhalt den kleinsten Umfang hat, so ließe sich vermuten, daß das Rundeisen einen geringeren Verbundkoeffizienten habe als Quadrat- oder Flußeisen. In der Tat ist aber das Rundeisen hierin anderen Querschnittsformen überlegen, da sich der Beton gleichmäßiger und fester um das runde Eisen legt als um ein solches mit eckigem Querschnitt. Anders verhalten sich diejenigen Eisenstäbe, bei denen nicht der Querschnitt, sondern die Oberfläche gegenüber dem glatten Rundeisenstab geändert ist: die gezahnten Eisen, die Thacher- und Knoteneisen (Abb. 8 u. 9). Bei diesen Spezialeisen ist der Verbundkoeffizient dank des besseren mechanischen Haltes tatsächlich höher als beim Rundeisen. Die sprengende Wirkung, welche die Wulste auf den Beton ausüben, und die besonders im Betonschiffbau mit seinen dünnen Wandungen gefährlich werden können, ermutigt jedoch nicht zu ihrer Anwendung. Auch sind solche Eisen unwirtschaftlich, weil nur der kleinere Querschnitt voll für die Übertragung der Spannungen ausgenutzt werden kann.

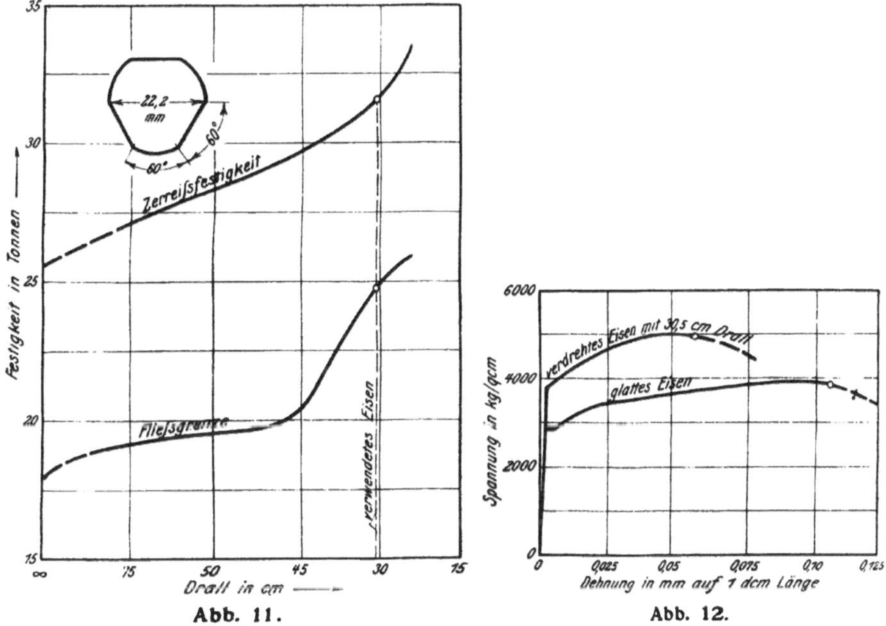

Einen Kompromiß zwischen den glatten und den Knoteneisen bilden die gedrehten Eisen (Abb. 10). Ihre Erörterung leitet über zur Bewertung der Formänderung der Eisenbewehrung. Die Wirkungsweise der gedrehten Eisen soll nicht nur auf der besseren mechanischen Haftung der Oberfläche, sondern vor allem auf der Veränderung der elastischen Eigenschaften des Eisens infolge der Reckung beim Verdrehen beruhen. Durch das Verdrehen, welches eine bleibende Formänderung des Eisens bedingt, wird sein Gefüge geändert; das Eisen wird spröder, die Fließgrenze daher höher gerückt, d. h. die Formänderung ist im Zustand der Verdrehung um einen von dem Grad des Dralles abhängigen Betrag geringer als im unveränderten Zustand. Dies gilt jedoch, wie das der englischen Zeitschrift „Engineering" vom 29. März 1918 entnommene Diagramm (Abb. 11) zeigt, nur für den Zustand sehr hoher Spannung. In dem Spannungszustand, der normalen Beanspruchungen des Betonschiffbaus entspricht, sind die Dehnungen der gedrehten Eisen genau die gleichen wie bei den einfachen Rundeisen, und es können daher die gedrehten Eisen in dem beabsichtigten Sinne einer Entlastung des Betons nicht ausgenutzt werden (Abb. 12).

Das verwendete Eisen muß schmiedbar und möglichst auch in kaltem Zustande biegsam sein, weil die Rundeisenstangen gebogen werden, teils um durch Endhaken einen besseren Anschluß von Stange zu Stange zu bekommen. teils um dem Kräfteverlauf der Schubspannungen gerecht zu werden. Ebenso wie im Eisenschiffbau ist auch im Betonschiffbau auf den guten Verschuß besonderer Wert zu legen. Im Landbetonbau können die Spannungen durch den in genügender Stärke vorhandenen anhaftenden Beton übertragen werden, indem die Eisenstangen auf eine Länge gleich dem dreißigfachen Durchmesser gegeneinander verschießen. Im Schiffbau, wo die Materialstärken auf das geringste zulässige Maß herabgedrückt sind und die Eisen enger zusammenliegen, verdient dieser Punkt besondere Beachtung. Ein englischer Betonfachmann, T. J. Gueritte, weist auf die Bedeutung dieses Problems hin, indem er sich auf einen mit einem französischen Flußkahn von 400 t Nutzlast unternommenen Versuch bezieht, wobei das Betonschiff absichtlich bis zum Bruch belastet wurde[1]). Hierbei zeigte sich, daß der Bruch infolge Schlüpfens der Tragstäbe in den Überlappungen eingetreten war. Allerdings waren die Überlappungen in diesem besonderen Fall, wie Gueritte hervorhebt, ungenügend lang; dennoch wird der Vorgang nicht unbeachtet gelassen, indem sowohl der Germanische Lloyd als auch das Norske Veritas die Länge der Stahlüberlappungen gleich dem 40 fachen Eisendurchmesser festlegen. Hierdurch ist leider ein ziemlicher Mehrbedarf an Eisen bedingt. Es verdienen daher auch die Methoden Beachtung, die die Verbindung zwischen den Eisenstäben nicht nur durch die Haftfestigkeit zwischen Beton und Eisen bewerkstelligen. Hierzu gehört die einfache Verhakung sowie die kurze Überlappung mit umgebogenen Haken. Es genügt hierbei schon eine Überlappungslänge vom 10- bis 20-fachen Durchmesser; allerdings muß die Betondicke genügend Raum für die Unterbringung der Haken bieten, weshalb die Haken am besten

---

[1]) Le Génie Civil Heft 1, 1918.

unter einem Bodenträger oder querab von einem Spant angeordnet werden. An-
einanderschweißen der Stangenenden ist die sparsamste Art in bezug auf den
Eisenverbrauch; jedoch setzt sie sorgfältige autogene oder elektrische
Schweißung voraus, da ein Zusammenschweißen vor dem Einbau die langen
Rundeisenstangen zu unhandlich und ein Verbiegen kaum vermeidbar macht.
Verschraubung mittels Muffe kommt wegen der hohen Kosten nur in Sonder-
fällen zur Anwendung und wird durch Anstauchen der Enden und Verbindung
derselben durch Drahtwicklung ersetzt.

Der Anschluß der Trageisen aneinander bildet eine Analogie zur Vernietung der Eisenschiffe. Die Festigkeit einer Nietverbindung hängt hauptsächlich ab von der Scherfestigkeit der Nieten und von dem Reibungswiderstand zwischen den sich berührenden Oberflächen der zu verbindenden Teile,
hervorgerufen durch den von den Nietköpfen ausgeübten Druck. Das Güte-
verhältnis einer Nietverbindung, d. h. das Verhältnis der Zerreißfestigkeit der
Verbindung zu dem der ungeschwächten Platte, ist infolge der Anforderung
an die Wasserdichtigkeit im Schiffbau nicht über 80 %. Diesen Höchstwert
erreichen die meisten Nietverbindungen jedoch nicht, sondern der Gütegrad
schwankt von 57 bis 75 %, wobei immer noch vorausgesetzt ist, daß die Anordnung der Niete genau im Verhältnis zur Plattenstärke und zur Festigkeit
des Niet- und Plattenmaterials erfolgte. Abweichungen in dieser Beziehung
lassen sich aber im praktischen Schiffbau nicht vermeiden, so daß von einer
einheitlichen Ausnutzung des eingebauten Plattenmaterials nicht die Rede
sein kann. Hierzu kommt noch, daß die Eckverbindungen der Flächenfelder
und die Knotenpunkte des Traggerippes nicht als starr angesehen werden
können, sondern an und für sich geringfügige Formänderungen infolge der
Vernietung ausführen, die aber in ihrer Gesamtwirkung dem Schiffskörper
eine ziemliche Nachgiebigkeit unter Einwirkung der Belastung verleihen.
Die Nachgiebigkeit der Eisenschiffe wird von manchen Fachleuten als ein
Vorteil ausgelegt, indem hierdurch angeblich die oft sehr erheblichen Beanspruchungen in schwerer See besser verarbeitet werden könnten. Diese
Ansicht kann als irrtümlich bezeichnet werden. Nur ein Bauwerk, bei dem
ein vollkommenes statisches Zusammenwirken aller Konstruktionsglieder gewährleistet ist, wird allen ihm zugemuteten Anstrengungen dauernd und ohne
Schädigung des Verbandes Widerstand entgegensetzen und diesen Erfolg mit
dem geringsten Aufwand an Material erzielen.

Anders wie im Eisenschiffbau liegen die Verhältnisse im Betonschiffbau. Der Gütegrad der Verbindung der Eiseneinlagen durch Übergreifen

ohne Endhaken ist bei einer Länge gleich dem 40 fachen Durchmesser zu 96 bis über 100 % auf Grund einwandfreier Versuche[1]) ermittelt worden. Der Gütegrad von Eiseneinlagen mit Endhaken ist fast durchweg über 100 %, desgleichen die Verbindung durch Drahtbewicklung an den Enden. Diese Ergebnisse treffen sowohl zu für die Belastung bei Eintritt des ersten Risses als auch für die Bruchbelastung. Hierdurch ist eine einheitliche Gleichmäßigkeit der Kraftübertragung gewährleistet, wie sie im Eisenschiffbau aus Gründen des Konstruktionsprinzips nicht zu erreichen ist. Hinzu kommt im Eisenbetonschiffbau noch weiter, daß alle Eckverbindungen als starr anzusehen sind und dementsprechend auch konstruiert werden. Es ist daher durchaus berechtigt, ein Betonschiff als „monolithisch" zu bezeichnen. Die aus der Natur der ganzen Konstruktion folgende Starrheit wird vielfach mit „Sprödigkeit" verwechselt und als Nachteil gewertet; nichts ist unrichtiger wie dieses. Die Starrheit der Eisenbetonschiffe ist einer ihrer größten Vorzüge. Sie gewährt den Vorteil, daß Maschinen und Kessel, die Wellenleitung, die Rohrleitungen weniger mitgenommen werden als bei eisernen und stählernen Schiffen, daß ferner die Vibrationen, welche von den Maschinen oder Schrauben auf das Schiff übertragen werden, sich auf diesem viel weniger störend bemerklich machen, und bedingt, da sich die einzelnen Verbandsteile nicht lockern können, eine große Lebensdauer des Eisenbetonschiffes.

5. Bewehrung der Eisenbetonschiffe.

Um die Eisenbewehrung in einem Schiffskörper richtig anzuordnen, ist es notwendig, sich über den Verlauf der Spannungen Rechenschaft zu geben. Die Eiseneinlage soll die Schub- und Zugspannungen des Körpers aufnehmen, da dem Beton nur geringe Zug- und Schubfestigkeit eigen ist. Über den allgemeinen Charakter und die Richtung der auftretenden Spannungen schafft man sich am besten Klarheit durch Verzeichnung der Spannungstrajektorien. Ebenso wie im magnetischen Feld die Kraftlinien über den Verlauf und die Stärke der Kraftwirkungen Aufschluß geben, in gleicher Weise kennzeichnen die Trajektorien das elastische Feld des in einen Spannungszustand versetzten Körpers. Je dichter die Trajektorien zusammenliegen, um so intensiver ist die elastische Reaktion auf Zug, Druck oder Abscheren des beeinflußten Bauteils. Bruhn zeichnete solche Trajektorien allerdings nur schematisch für ein Schiff auf (Transact. of the inst. of nor. arch. 1899 S. 57) (Abb. 13). Die Größe der Hauptspannungen $\sigma'\, {}^{max}_{min}$ ergibt sich aus der Gleichung:

---

[1]) D. A. f. EB. Heft 14.

$$\sigma'_{\substack{max \\ min}} = \frac{\sigma}{2} \pm \sqrt{\frac{\sigma^2}{4} + \tau^2},$$

wobei sich die Richtung φ dieser Spannung berechnet aus:

$$\operatorname{tg} 2\varphi = \pm \frac{2\,\tau}{\sigma}.$$

Hierbei bedeutet σ die Normal-, τ die Tangentialspannung. Die Formel für σ besagt, daß die Schubspannungen die reinen Zug- oder Druckspannungen vergrößern. Legt man die Eisen, unter dem jeweiligen Winkel φ geneigt, in das betreffende Betonelement ein, so werden die Schubspannungen in der Form von Zug- oder Druckspannungen übertragen. Wäre es praktisch möglich, die Eiseneinlage nach Abb. 13 genau dem Verlauf der Spannungslinien anzupassen, so würde die Eiseneinlage am vollkommensten ausgenutzt, wie es Koenen in seiner eingespannten Voutenplatte anstrebte. Da jedoch der richtige Verlauf der Spannungslinien nicht genau bekannt ist, zudem die Spannungen nach Richtung und Größe wechseln, und es aus wirtschaftlichen Gründen wünschenswert ist, nicht stark gebogene Einlagen zu verwenden, vielmehr die Eisenstangen möglichst in ihrer angelieferten geraden Form einzubauen, so verwendet man zur Aufnahme des Hauptbiegemomentes nur gerade

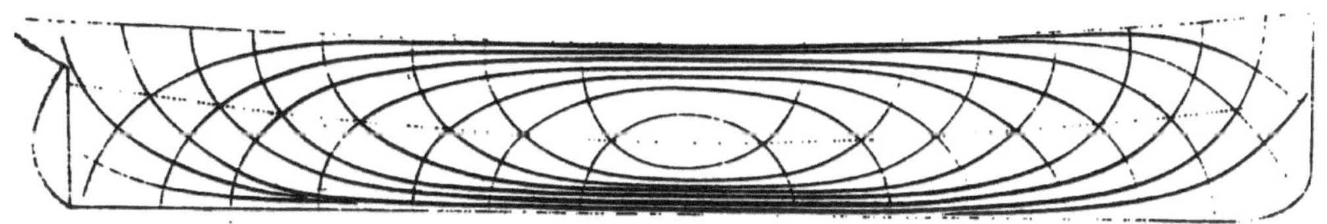

Abb. 13.

Eiseneinlagen, deren Gesamtquerschnitt sich ohne weiteres bestimmen läßt, und begnügt sich damit, die schief gerichteten Hauptspannungen sowie die Schub- und Scherspannungen der Bordwände durch ein kreuzweise diagonal angeordnetes Bewehrungssystem aufzunehmen. Dieses diagonale Bewehrungssystem wird so dicht in den Beton eingelegt, daß die Schubspannungen mit einem großen Überschuß an Sicherheit aufgenommen werden (Abb. 14).

Eine andere Art, die Schubspannungen in den Wandungen aufzunehmen, ist die vermittels kreuzweise zwischen den Querspanten angeordneter Streben. Bei langen hölzernen Flußschiffen, wie sie zu Hunderten auf den russischen Flüssen schwimmen, ist die Anwendung der Diagonalspanten durch die Notwendigkeit einer Entlastung der Außenhaut bedingt. Die zahlreich vorhandenen Stöße, der geringe Verband der Planken untereinander der Höhe nach und die ausschließliche Verwendung von Holzpflöcken an Stelle von eisernen Nägeln und Bolzen bedingen die Aufnahme der Scherkräfte durch Diagonalspanten. Auf diese Weise wird trotz primitivster Bauart der Bau

Abb. 14.

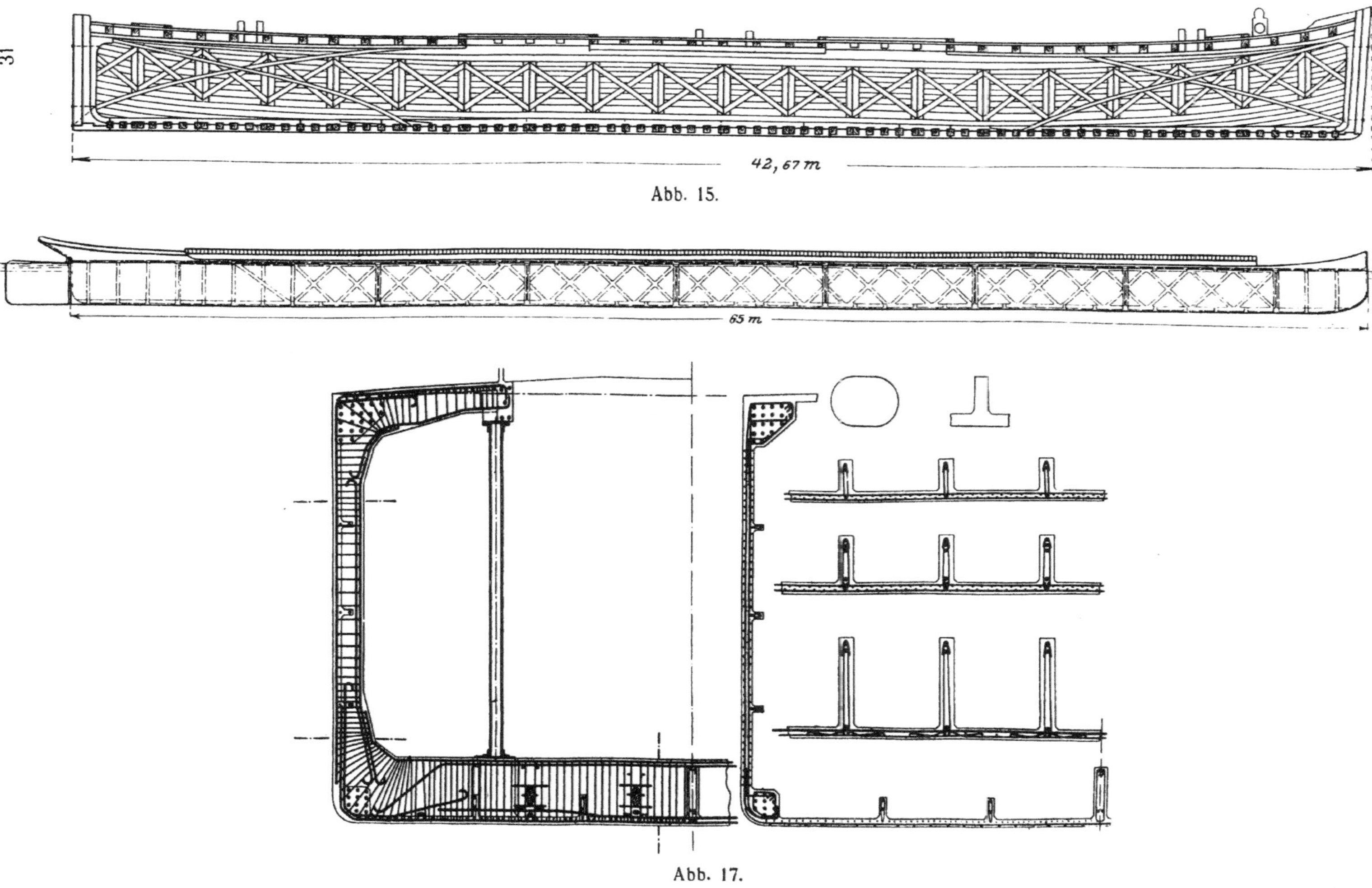

42,67 m

Abb. 15.

65 m

Abb. 17.

langer und leistungsfähiger Flußschiffe ermöglicht. In gleicher Weise läßt sich auch beim Bau von leichten Eisenbetonflußschiffen eine gute Abstützung der Außenhaut erzielen. In den Abbildungen 15 u. 16 ist der übliche russische Flußkahn einem mit Kreuzspanten ausgestatteten Betonkahn gegenübergestellt.

Zur Übertragung des Längsbiegemomentes werden die kräftigsten Rundeisen verwendet, und natürlich in den äußeren Fasern des Querschnitts, also in dem oberen Deck und dem Boden angeordnet. Um die übrige Be-

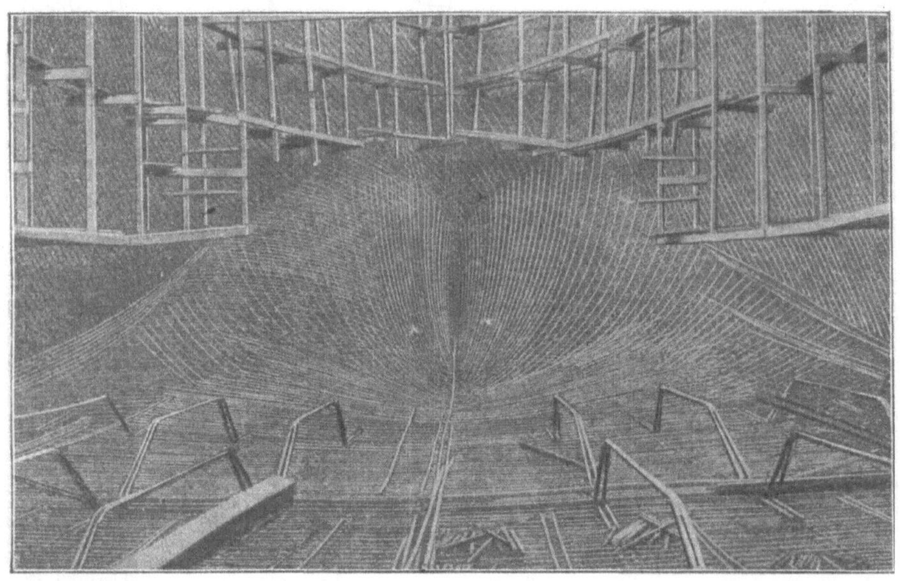

Abb. 18.

wehrung nicht zu komplizieren und um die verhältnismäßig dünnen Wandungen des Bodens und des Decks durch die dicken Eisen nicht zu schwächen, sind dieselben gemäß Abb. 17 in besonderen Betonpolstern der Klimm sowie seitlich am Deck gelagert. In gleicher Weise sind auch in dem Längsträger des Luksülls eine Anzahl von Trageisen zur Aufnahme des Hauptbiegemoments untergebracht.

Von der soeben besprochenen Bewehrung unterscheidet sich eine Bewehrung aus dünneren Eisenstangen im Boden und Deck des Schiffes, welche zur Aufnahme des Wasserdruckes und der Deckbelastung dienen. Um gleichmäßige Spannungen in der Quer- und Längsschiffsrichtung der bean-

spruchten Plattenfelder zu erhalten, wählt man im Betonschiffbau den Spantabstand gleich dem Abstand der Längsträger, erhält also quadratische Felder,
und kann dies um so eher tun, als der Spantabstand hier gewöhnlich erheblich
größer als im Eisenschiffbau ist. Das rein praktische Bedürfnis, die Außenhaut nicht unter 4—5 cm dick zu machen, gestattet, in Abhängigkeit vom
Tiefgang, den kleinsten Spantabstand von etwa 1,0 m. Die Bewehrung der
Plattenfelder wird kreuzweise in zwei Schichten angeordnet, wobei die Eisen
entweder in der Diagonalen oder parallel den Plattenseiten gelegt werden
(Abb. 18).

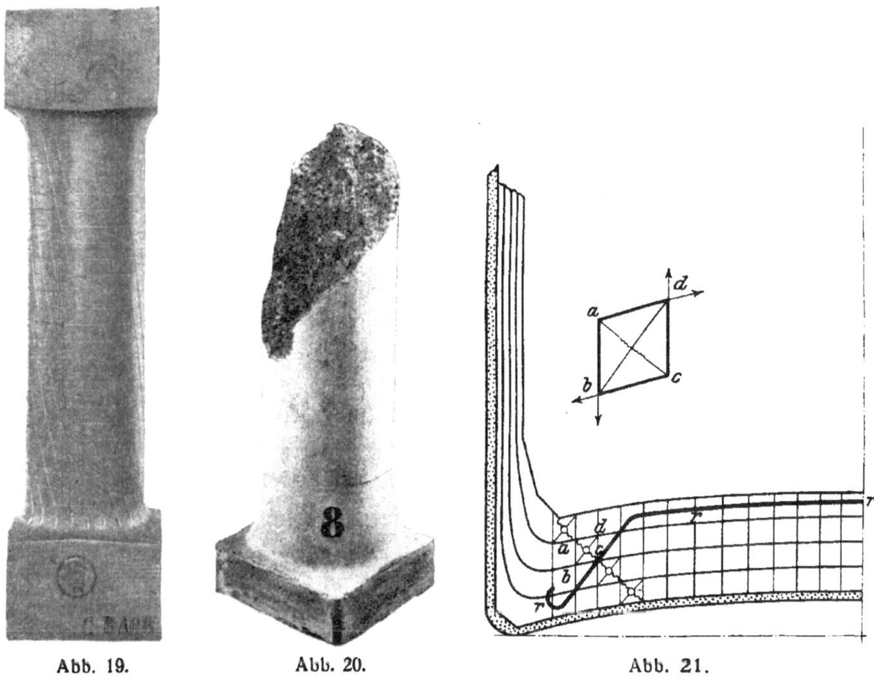

Abb. 19.   Abb. 20.   Abb. 21.

Die vierte Kategorie der Bewehrungseisen umfaßt diejenigen, welche
die Querfestigkeit des Schiffes sichern sollen. Sie sind in die Decksbalken,
vertikalen Spanten und Bodenträger eingelegt und durch die Abbiegungen
ihrer Enden kenntlich. Diese Abbiegungen dienen der Aufnahme der unter
etwa 45° geneigten Spannungen. Zum richtigen Verständnis der Wirkungsweise der Abbiegungen mache ich mir in Abb. 19 einen Versuch
von C. von Bach mit dessen Erlaubnis zunutze. Der dort dargestellte Körper
wird durch Verdrehung reinen Schubspannungen unterworfen. Nach er-

folgter Verdrehung haben sich die auf der Oberfläche eingeritzten Quadrate in Rhomben verwandelt, so daß die eine Diagonale des Quadrats gereckt, die andere gestaucht wird. Da bei Beton die Zugfestigkeit nur etwa den 10. Teil der Druckfestigkeit ausmacht, so wird die gezogene Diagonale eher zerstört als die Druckdiagonale. Dies bedingt, daß der Bruch in einer unter etwa 45° ansteigenden Linie erfolgt. Die nebenstehende Abb. 20 bestätigt diese Voraussage. Sie stellt einen von Mörsch geprüften Betonzylinder dar. Genau so, wie in diesem Falle sich die Schubspannungen in Zug- und Druckspannungen umsetzen, so setzen sich die an der Auflagerung eines Trägers überwiegenden Schubspannungen in Spannungen um, die unter etwa 45° gegen die Horizontale geneigt sind. Um Rißbildung zu verhindern, muß senkrecht zum Verlauf möglicher Risse verankerndes Eisen in den Beton eingelagert oder es muß, wie es jetzt allgemein üblich ist, ein Teil der in der Zugzone des Trägers liegenden Eisen unter 45° abgebogen werden.

In Abb. 21 ist diese Überlegung an einem Spant erläutert: Die Diagonale b d unterliegt der Gefahr des Reißens; der Riß kann in Richtung a c erfolgen. Das abgebogene Rundeisen r wirkt dieser Möglichkeit entgegen.

Auf diese Weise werden jedoch nur die in unmittelbarer Nähe des Auflagers wirksamen Schubkräfte aufgenommen. Ist der Träger beispielsweise mit Einzellasten belastet, so treten auch gegen die Mitte des Trägers zu Schubkräfte auf. Um diese aufzunehmen, ist eine fünfte Art von Bewehrungseisen notwendig, die Bügel. Sie werden über den ganzen Träger verteilt, eng aneinandergereiht angeordnet und haben gleichzeitig den Zweck, die Haupteisen zusammenzuhalten und die obere Gurtung mit der unteren zu verbinden. Je enger die Bügel angeordnet werden, um so mehr nimmt die Elastizität und die Biegungsfestigkeit des Betonbalkens zu (Abb. 22).

Die reichliche Einlagerung von Eisen in den Beton könnte auf den ersten Blick als eine unökonomische Maßnahme erscheinen. In der Tat erweist sie sich als der sicherste Weg, um leichte und damit wirtschaftlich ausnutzbare Schiffskörper zu erhalten. Je mehr Eisen im Querschnitt verwendet wird, umso gleichmäßiger wird der Beton zur Kraftübertragung herangezogen und desto sicherer wird eine Überbeanspruchung einzelner Bereiche des Bauwerks vermieden.

Die Bewehrung der im Innern des Schiffskörpers vorhandenen Plattformen, Schotten, Schächte wird mit der des übrigen Schiffskörpers verflochten und als ein Ganzes ausgegossen. Alle diese Wandungen sind von Haus aus wasserdicht. Der Anschluß an die Bordwände ist wesentlich solider als die Vernietung eines Eisenschottes mit der Außenhaut, dem schwachen Punkt der Schottkonstruktion. Die Vernietung eines gewöhnlichen Spantes mit der Außenhaut bedingt bei 9-facher Teilung einen Festigkeitsverlust von 12,5 %; die Vernietung eines wasserdichten Schottes würde einen Ausfall von 25 % bei 4½-facher Teilung ausmachen. Um den Unterschied auszugleichen, ist eine Reihe von kostspieligen konstruktiven Maßnahmen nötig. Im Gegensatz hierzu wirkt das Betonschott nicht nur als Hilfsmittel der wasserdichten

Abb. 22.

Unterteilung, sondern erfüllt in weit höherem Maße als das biegsame und ungenügend angeschlossene Eisenschott die Aufgabe eines vollwertigen Querverbandsteils, der durch Beeinflussung der Steifigkeit des Rumpfes auf die Längsfestigkeit von günstigstem Einfluß ist. Die Berechnung der Schotten erfolgt für eine Wassersäule der nämlichen Höhe wie für Eisenschiffe. Die Absteifungen sind einseitig anzuordnen, da sie in diesem Falle die doppelte Wirksamkeit als bei beiderseitiger Anordnung haben, wobei beiderseitiger Wasserdruck für die Bewehrung der Stützen berücksichtigt wird.

　　Die beim Betonschiff nötigen Schmiedestücke, wie Vor- und Hintersteven, Schraubensteven, ferner Ankerklüsen, Poller und Klampen werden vor dem Guß mit der Bewehrung verbunden. Die Holzschalung erleichtert das genaue Anpassen dieser Teile. Es versteht sich von selbst, daß sie für das Betonschiff in bezug auf ihre Befestigung aufs eingehendste durchgearbeitet werden und dadurch oft ein von dem Herkömmlichen völlig verschiedenes Aussehen erhalten.

In der Konstruktion von Maschinenfundamenten hat die Eisenbeton-Industrie ganz besondere Erfahrungen aufzuweisen, und sie ist auf Grund

Abb. 23.

derselben seit langem dazu übergegangen, die Materialabmessungen hierfür zu berechnen. Bei den Ausführungen im Landbau waren oft Garantien für die Haltbarkeit der Fundamente zu übernehmen, die in bezug auf die Höhe der Garantiesumme in keinem Verhältnis zum Verkaufspreis standen, und in vielen Fällen sind die Eisenfundamente durch solche aus Eisenbetonkonstruktion ersetzt worden. Der Einbau haltbarer Fundamente in einen Schiffsrumpf aus Beton bietet somit keine Besonderheiten und es steht zu erwarten, daß die Mängel, die sich oft bei den Maschinenträgern der Eisenschiffe gezeigt haben, bei Betonschiffen nicht auftreten werden, denn diese waren meistens auf schwache Nietverbindungen zurückzuführen.

In Amerika sind Betonschiffe zur Ausführung gekommen, bei denen an Stelle der Rundeisenbewehrung eine solche aus Eisenkonstruktion angewendet ist. Auf diese Weise ist ein Komposit-System entstanden, das weder die Vorteile des Eisenschiffes noch diejenigen des Betonschiffes besitzt. Obwohl die Herstellung eines vollkommenen Spantgerippes aus Winkelstahl und gebauten Trägern während des Baues dazu beiträgt, die Herstellung der Ver-

Abb. 24.

schalung zu erleichtern, so kann dieser geringfügige Vorteil keineswegs die für die Eisenbauteile aufzuwendenden höheren Kosten ausgleichen. Ein großer Nachteil ist darin zu sehen, daß die Wirkung dieser Art von Bewehrung geringer ist als die bewährte Rundeisenarmierung. Die Schwierigkeit besteht darin, die beiden Materialien, Beton und Eisen, zum gemeinsamen statischen Zusammenarbeiten zu bringen und Rißbildung auszuschließen. Die Gewähr hierfür vermag nur eine Armierung zu bieten, die den Beton in möglichst enger Teilung durchzieht und an allen Stellen den zu erwartenden Spannungen gerecht wird. Die Abbildungen 23 und 24 stellen ein Kompositschiff von 38,1 m Länge, 6,7 m Breite und 4 m Raumtiefe im Bau dar; es soll mit Einschraubenantrieb 8 Knoten Geschwindigkeit erreichen. Ein Vergleich mit den Abbildungen 17 und 18 läßt die bessere Verteilung des Eisens der Rundeisenarmierung gegenüber der kompakten Anordnung bei Eisenkonstruktionsgliedern erkennen.

Es mag hier darauf hingewiesen werden, daß die amerikanische Eisenbeton-Industrie in Überschätzung der rein praktischen Seite des Eisenbetonbaus und unter Vernachlässigung seiner wissenschaftlichen Durchdringung manche Irrwege beschritten hat. So ist dort die Wirkung der Schubspannungen lange verkannt worden; man suchte ihnen durch die in der Abbildung dargestellte knotige Auswalzung der Trageisen zu begegnen, eine Maßnahme, die nur den Gleitwiderstand der Eisen beeinflußt, nicht aber die im Beton wirkenden Schubspannungen erfassen kann. Bei amerikanischen Hafen- und Seebauten sind völlig ungeeignete Zement- und Betonarten verwendet worden, die baldige umfangreiche Zerstörungen zur Folge hatten. Der Zusammenbruch von Talsperren und Stauanlagen hat den Verlust von Gut und Leben in überreichem Maße nach sich gezogen. Fehlschläge im amerikanischen Eisenbetonschiffbau sind zwar bis jetzt nicht bekannt geworden; doch wird unsere heimische Eisenbeton-Industrie den Weg zum großen seegehenden Betonfrachtschiff auf Grund ihres eigenen praktischen und wissenschaftlichen Erfahrungsmaterials zurücklegen und in stufenweiser Entwicklung die Bauart anwenden, welche den Erfolg sicherstellt.

Die soeben besprochenen sieben Teile des Bewehrungssystems eines Schiffes, nämlich:

1. die Bewehrung zur Aufnahme des Haupt-Längsbiegemomentes,
2. die Bewehrung zur Aufnahme der Schub- und Scherspannungen der Bordwände,
3. die Bewehrung der Deck- und Bodenfelder,
4. die Bewehrung zur Sicherung der Querfestigkeit des Rumpfes,
5. die Bewehrung durch Bügel,
6. die Bewehrung der Schotten,
7. das Einflechten der Steven, Klüsen, Poller und sonstiger Ausrüstungsteile, sowie örtliche Verstärkungen für Takelage, Maschinen, Kessel usw.

sind teils durch das Spiel der Kräfte in dem ganzen Bauwerk teils durch die auf die einzelnen Teile entfallenden Belastungen bedingt. Die Voraussetzungen hierfür sind für ein Betonschiff genau die gleichen wie für ein Eisen- oder

Holzschiff. Da jedoch auch in bezug auf diese beiden Kategorien genau präzisierte Angaben nicht gemacht werden können, so wählte der Germanische Lloyd den Umweg über das von ihm bevorschriftete Eisenschiff, um die Materialstärken für ein Betonschiff gleicher Form und Größe zu ermitteln. Unter Zugrundelegung einer Normalspannung von 1000 kg/qcm für das Eisenschiff soll das Eisenbetonschiff in allen seinen Teilen befähigt sein, die gleichen Momente und Scherkräfte aufzunehmen wie ein Eisenschiff. Durch diese allgemeine Bestimmung ist zunächst eine Basis geschaffen, auf Grund deren der Germanische Lloyd ein Zeugnis über das unter seiner Aufsicht zu erbauende Schiff abgeben kann. Sie bedingt für jeden Entwurf ein erhebliches Mehr an rechnerischer Arbeit und hat den Nachteil, daß den Vorteilen der Eisenbetonkonstruktion, wie Fortfall der Abrostung, Fortfall der Vernietung, Starrheit der Rahmen, bessere statische Voraussetzung für Dimensionierung der Beplattung usw. nicht Rechnung getragen werden kann. Die Folge hiervon ist, daß Eisenbetonschiffe eine höhere Festigkeit erhalten als Eisenschiffe.

Die unmittelbare Berechnung der Materialstärken auf der Grundlage bestimmter Belastungsvoraussetzungen ist daher von dem dänischen Ausschuß für Betonschiffe angenommen worden und in gleichem Sinne bearbeiten, so viel bis jetzt bekannt, Lloyds Register of Shipping, British Corporation und Bureau Veritas ihre Bauregeln. Einen Mittelweg hat das Norske Veritas gewählt, indem es die Momente und Querkräfte nach klassifizierten Eisenschiffen ermittelt und für Eisenbetonschiffe in dem Sinne abgeändert hat, daß ihre Benachteiligung in bezug auf überschüssige Festigkeit gegenüber eisernen Schiffen ausgeglichen ist.

Im Flußschiffbau liegen die Verhältnisse noch unklarer. Die Klassifikationsvorschriften des Germanischen Lloyd für eiserne Flußschiffe fordern solch starke Materialdicken, daß nur ein Teil der Schiffe nach ihnen gebaut wird. Während bei Seeschiffen die Haupt-Biegebeanspruchungen durch den Seegang hervorgerufen werden, ist es im Flußschiffbau vor allem die ungleichmäßige Ladung, welche die Anstrengung des Materials bedingt. Zwar ist der Eigner nach den Versicherungsbedingungen gehalten, beim Löschen und Laden die nötige Vorsicht walten zu lassen, jedoch bestehen keine genauen Vorschriften darüber, in welcher Weise die Be- und Entladung vorzunehmen ist. Es muß also beim Entwurf mit einer unvorsichtigen Behandlung des Schiffes gerechnet werden, und hiernach ist das aufzunehmende Längsbiegemoment zu bestimmen. Einen guten Einblick in die Abhängigkeit des Biegemomentes und der Querkräfte von der Art der Beladung geben die Abbildungen 25 und 26. In Abb. 25 sind die Querkräfte, in Abb. 26 die Biegemomente für die in der Tabelle angegebenen Be-

Abb. 25.

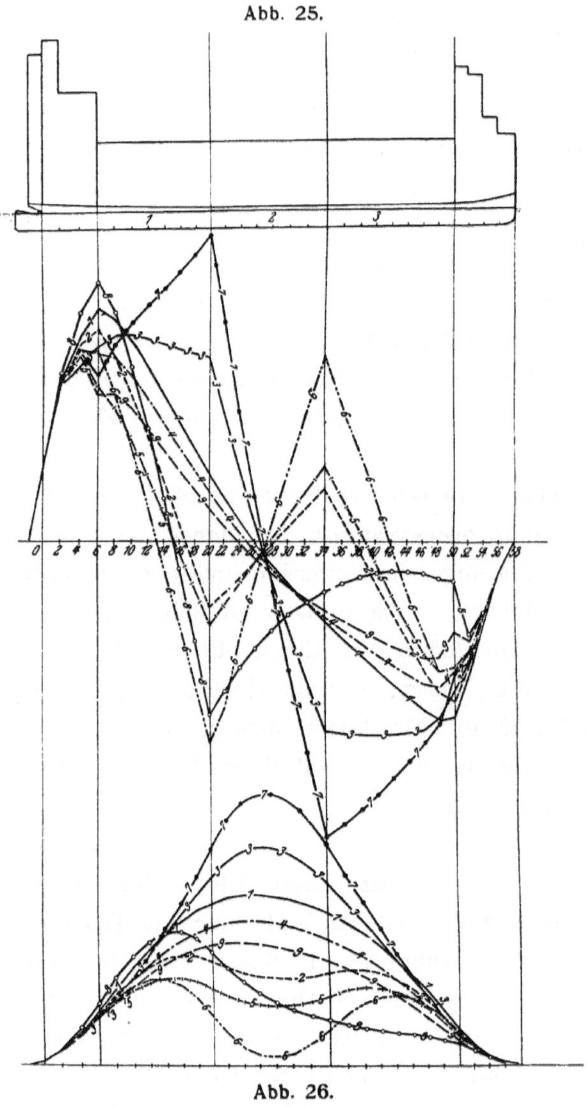

Abb. 26.

lastungsfälle angegeben. Ein Vergleich der Belastungsfälle 4 und 9, bei denen die Ladung gleichmäßig in dem Raum verteilt ist, mit den übrigen beweist, daß die Verteilung der Last für die Beanspruchung wesentlich erheblicher ist als die absolute Größe der Last selbst. Wird an Stelle des maximalen

Biegemomentes ein solches mittlerer Größe zugrunde gelegt, so kann dies nur unter folgenden Voraussetzungen geschehen: entweder sind Bestimmungen über die Art der Beladung und des Löschens der Schiffe zu treffen, damit eine übermäßige Anstrengung nicht vorkommen kann, oder aber eine gelegentliche Überlastung muß im Bereich der Sicherheitsgrenze der Konstruktion aufgenommen werden. Klassifikationsvorschriften auf diesen Erwägungen aufgebaut, werden auch im Flußschiffbau Härten zu ungunsten der neuen Bauweise vermeidbar machen.

Tabelle Nr. 6.

Querkräfte und Längsbiegemomente für ein Flußschiff bei verschiedenartiger Belastung.

Schiffslänge 58,0 m; Schiffseigengewicht 360 t; größte Zuladung 540 t.

Nr.	Belastungsfall	Belastungsschema	Verdrängung t	Größte Querkraft	Größtes Moment
1	Eigengewicht des leeren Schiffes = E		0	1	1
2	E plus ½ Ladung in Raum 2		90	0,91	0,66
3	E plus ½ Ladung in den Räumen 1 und 3		180	0,89	1,29
4	E plus ½ Ladung gleichmäßig in den Räumen 1, 2 und 3 verteilt		270	0,82	0,85
5	E plus volle Ladung in Raum 2 und ½ Ladung in den Räumen 1 u. 3		360	0,80	0,52
6	E plus volle Ladung in Raum 2		180	0,87	0,51
7	E plus volle Ladung in den Räumen 1 und 3		360	1,31	1,60
8	E plus volle Ladung in den Räumen 2 und 3		360	1,11	0,79
9	E plus volle Ladung		540	0,82	0,72

6. Abmessungen der Eisenbetonschiffe.

Die geringe Zugfestigkeit des Betons und die hiermit im Zusammenhang stehende niedrige Beanspruchung der Trageisen sind die Veranlassung, zur Erzielung eines leichten Schiffskörpers den Ausgleich in der geeigneten Auswahl der Hauptabmessungen des Rumpfes zu suchen. Auch im Landbau ist es als Nachteil der Eisenbetonbauweise bekannt, daß sie bei gleichem Biegemoment eine größere Konstruktionshöhe als Eisen erfordert. Mit dieser Eigenart hat man sich indes abgefunden; sie ist der schnellen Einführung des Eisenbetons nicht weiter hinderlich gewesen. Im Schiffbau ist eine übermäßige Bauhöhe mit dem Nachteil schlechter Raumausnutzung und geringer Stabilität verbunden. Es sei daher überschlägig untersucht, in welcher Weise die Beanspruchung der Verbände durch die Hauptabmessungen beeinflußt wird. Es ist gesetzt:

1. Biegemoment $M_b = \dfrac{D \cdot L}{k_1}$.

2. Widerstandsmoment des Querschnitts $W = \dfrac{B \cdot H^2}{k_2}$.

3. Es ist ferner: $D = L \cdot B \cdot H \cdot k_3$

somit
$$\sigma = \frac{k_2 \cdot k_3}{k_1} \cdot \frac{L^2 \cdot B \cdot H}{B \cdot H^2} = k \cdot \frac{L^2}{H}.$$

Soll also bei Schiffen mit angenähert gleichen Kennwerten k_1, k_2 und k_3 die Biegespannung σ in engen Grenzen gehalten werden, so ist in erster Linie die Schiffslänge zu verringern unter Beibehaltung des zulässigen Höchstwertes der Seitenhöhe. Dies bedingt aber gedrungene Schiffsformen. Es folgt weiter hieraus, daß auch die mit Eisenbetonschiffen erreichbare von der Länge abhängige Fahrtgeschwindigkeit nicht über ein gewisses Maß gesteigert werden kann und mithin von den Schiffen mit Eigenantrieb das langsame, gedrungene Frachtschiff der für die Eisenbetonbauweise aussichtsvolle Schiffstyp ist. Gedrungene Schiffskörper lassen sich ohne Risiko bis zu den größten Abmessungen ausführen, weit eher als Flußschiffe, die bei großer Länge und geringer Seitenhöhe recht schwere Bedingungen stellen. Wenn trotzdem besonders in Deutschland gerade Flußschiffe als Versuchsobjekte gewählt und gebaut wurden, also die Aufgabe von der schwierigsten Seite zuerst angefaßt wurde, so lag dies lediglich daran, daß zur damaligen Zeit geeignetere Objekte nicht hereinzubekommen waren.

Das höhere Schiffseigengewicht der Eisenbetonschiffe bedingt gegenüber den Eisenschiffen eine Vergrößerung der linearen Hauptabmessungen und der hiervon abhängigen Einzelgewichte. Die Aufgabe wird oft so gestellt sein, zu einem vorliegenden Eisenschiff unter Beibehaltung gleicher nutzbarer Zuladung das Wechselbild in Eisenbeton zu entwerfen, um an Hand der beiden Entwürfe den wirtschaftlich vorteilhafteren auswählen zu können. Zur schnellen angenäherten Bestimmung der Hauptabmessungen eines Eisenbetonentwurfes und zu einigen allgemeinen Überlegungen bietet Normands Methode der Ähnlichkeit Vorteile. In folgender Tabelle ist die Gewichtsgleichung eines Schiffes zur Berechnung des Vergrößerungsfaktors M aufgestellt: Wird der Gewichtszuwachs Δ G einer der Positionen 1—8 mit dem Faktor M multipliziert, so erhält man den Gesamtzuwachs des Deplacements und kann die Abmessungen des neuen Entwurfes bestimmen. Der Faktor M ist mathematisch abgeleitet und läßt sich für jedes Schiff von vornherein berechnen. Es besteht die Beziehung:

$$M = \frac{1}{1 - \frac{1}{3}\,\Sigma\,.\,\frac{x\,.\,G}{D}} = \frac{1}{1 - [p_1 + p_2 + p_7 + {}^2/_3\,(p_3 + p_4 + p_5 + p_6)]}.$$

Tabelle Nr. 7.

Pos.		Absolutes Gewicht G	$p = \dfrac{G}{D} = $ prozentuales Gewicht	$x^{1)}$	$\dfrac{x\,.\,G}{D}$	
1.	Schiffskörper . . .	G_1	p_1	3	$3\,p_1$	
2.	Ausrüstung	G_2	p_2	3	$3\,p_2$	
3.	Maschinenanlage .	G_3	p_3	2	$2\,p_3$	
4.	Kohlen, Treiböl . .	G_4	p_4	2	$2\,p_4$	ver-änderlich
5.	Kesselspeisewasser	G_5	p_5	2	$2\,p_5$	
6.	Takelage	G_6	p_6	2	$2\,p_6$	
7.	Fester Ballast . . .	G_7	p_7	3	$3\,p_7$	
8.	Ladung	G_8	p_8	0	—	konstant
		$\Sigma = D$	$\Sigma = 1$			

Bleiben alle anfänglichen Konstruktionsbedingungen unverändert und vergrößert sich nur das Gewicht des Schiffskörpers um ΔG_1, so ist der Zuwachs des Deplacements $\Delta D = M\,.\,\Delta G_1$.

Ist das Verhältnis der linearen Abmessungen des alten zu denen des neuen Schiffes λ, so besteht die Beziehung: $D + \Delta D = D\,.\,\lambda^3$, woraus folgt:

$$\lambda = \left(1 + \frac{\Delta D}{D}\right)^{1/3} = 1 + {}^1/_3\,\frac{\Delta D}{D}.$$

Obigen Wert für Δ D eingesetzt, ergibt:

$$\lambda = 1 + \frac{M\,.\,\Delta G_1}{3\,D},$$

aus welcher Beziehung sich ohne weiteres die neuen Abmessungen des vergrößerten Schiffes berechnen lassen.

---

[1]) x = Potenz der Abhängigkeit des Einzelgewichtes von den linearen Abmessungen des Schiffes.

Um den **Einfluß** des größeren **Schiffseigengewichtes** vom absoluten Standpunkt zu übersehn, sei als Beispiel ein kleiner **Frachtdampfer** durchgerechnet:

Tabelle Nr. 8.

	Eisenschiff		Betonschiff	
	G	p	ΔG	$G' = G + \Delta G$
Schiffskörper	320 t	0,257 ⎰	128	448
Ausrüstung	40 „	0,032 ⎱ 0,289	16	56
Maschinenanlage	82 „	0,066 ⎰	30	112
Kohlen	70 „	0,056 ⎱ 0,146	25	95
Kesselspeisewasser	30 „	0,024 ⎰	11	41
Ladung	700 „	0,565	0	700

D = 1 242; ε = 1,000 | 210; D = 1 452

$$M = \frac{1}{1 - 0,289 - {}^{2}/_{3} \cdot 0,146} = 1{,}63.$$

Der **Schiffskörper** des Betonschiffs sei um 40 % = 128 t schwerer als der des Eisenschiffes; der Deplacementzuwachs wird alsdann $\Delta D = 1{,}63 \times 128 = 210$ t und der **Ähnlichkeitsfaktor** λ:

$$\lambda = 1 + {}^{1}/_{3} \cdot \frac{210}{1242} = 1{,}056,$$

d. h. vergrößert sich im vorliegenden **Fall** das Schiffseigengewicht um 40 %, so wächst das Deplacement bei gleicher Tragfähigkeit, Geschwindigkeit und Fahrtstrecke um 16,8 %, und die linearen Abmessungen des Schiffskörpers nehmen um 5,6 % zu.

Da alle diejenigen Schiffstypen mit wirtschaftlichem **Erfolg** in Eisenbetonkonstruktion ausgeführt werden können, bei denen der **Faktor M** möglichst niedrig ist, so müssen wir bei seiner kritischen Betrachtung etwas verweilen.

M wird um so kleiner, je weniger die veränderlichen Einzelgewichte gegenüber der konstanten Nutzlast überwiegen. Dies **kann** auf zweierlei Weise geschehen:

1. Es kann ein Teil der veränderlichen Einzelgewichte nicht vorhanden sein. Hier kämen vor allem in Betracht die Positionen G_3, G_4, G_5, G_6 und G_7, d. h. es sind die Schiffe ohne eigenen Antrieb **im Vorteil** gegen-

über denen mit Antrieb, die Leichter also gegenüber den Dampf-, Motor-
und Segelschiffen.

2. Die Summe der veränderlichen Einzelgewichte kann möglichst
niedrig gehalten werden. Dies ließe sich erreichen dadurch, daß eine kleine
Maschinenanlage eingebaut würde, oder daß man dem Segelantrieb den Vorzug
gäbe gegenüber einem Antrieb mit Dampfmaschine oder Motor. Die langsamen Schiffe sind also den schnelleren gegenüber wirtschaftlich im Vorteil.

Aus den soeben angeführten Gründen wird die Eisenbetonbauweise
nicht für vollwertige Kriegsschiffe in Anwendung kommen. Für ein
Linienschiff berechnet sich M zu 2,9—3,0, für ein Torpedoboot zu etwa 4,0.
so daß sich bei derartigen Schiffen infolge der größeren Zahl variabler Ele-
mente und des Zurücktretens einer nutzbaren Last (Bewaffnung) eine Vergrößerung des Schiffseigengewichts viel empfindlicher bemerkbar macht als
bei Handelsschiffen. Der soeben nach dem Ähnlichkeitsprinzip eingenom-
mene absolute Standpunkt hinsichtlich der Vergrößerung der Schiffsabmes-
sungen als Folge des größeren Schiffseigengewichts wird durch Änderung
der Voraussetzungen eingeschränkt. Sobald beispielsweise dem Betonschiff
eine andere Form, etwa eine solche mit größerer Völligkeit, gegeben wird,
tritt das Anwachsen der Abmessungen in beschränkterem Maße hervor. Ferner
braucht, wie wir später sehen werden, eine Vergrößerung der Maschinenanlage und im Zusammenhang hiermit ein Mehrgewicht an Kohlen und Kessel-
speisewasser bei den meisten der für die Ausführung in Eisenbeton in Frage
kommenden Schiffstypen nicht in Betracht gezogen zu werden, so daß es in
vielen Fällen bei dem alleinigen Mehrgewicht des Schiffskörpers sein Be-
wenden hat.

Die Schiffsbreite wird im Betonschiffbau durch die tiefere Lage des
Schwerpunktes des leeren Schiffskörpers und durch die angestrebte größere
Bauhöhe beeinflußt und ist unter dem Gesichtspunkt zu bestimmen, daß nach
Möglichkeit das Betonschiff die gleichen Seeigenschaften besitzt wie ein
gleichgroßes Eisenschiff. Die tiefere Lage des Systemschwerpunktes erklärt
sich daraus, daß die Längs- und Querträger des Bodens erheblich massiger
und schwerer sind als im Eisenschiffbau, und daß man bis jetzt darauf verzichtet hat, die Bodenträger mit Erleichterungen zu versehen. Nach oben
nimmt die Dicke der Außenhaut ab und auch die Armierung und Dicke der
Decks ist geringer als im Boden, so daß eine tiefere Lagerung des Schwer-
punkts die Folge ist.

Inwieweit die größere Seitenhöhe diesen Umstand wett macht, bleibt Sache der Berechnung des gerade vorliegenden Falles. Im Bau von Leichtern und Dampfern kann stets ein Ausgleich getroffen werden. Anders liegen die Verhältnisse bei Segelschiffen. Das größere Deplacement ermöglicht, da die metazentrische Höhe nicht beliebig verringert werden kann, ein größeres Segelmoment, folglich ein größeres Segelareal. Dieser Umstand dürfte für den Bau von Segelschiffen in Eisenbeton sprechen, da in der Segelschiffahrt wegen der Ballastverhältnisse mit dem Eigengewicht des Schiffes nicht so scharf gerechnet zu werden pflegt, wie in der Dampfschiffahrt, und ein etwas größeres Segelareal eine bessere Ausnutzung des Schiffes verbürgt.

7. Formgebung der Eisenbetonschiffe.

Erwägungen praktischer Art, sowie den neuen Verhältnissen Rechnung tragende theoretische Gesichtspunkte bedingen die Formgebung der Betonschiffe. In der ersten Zeit der Entwicklung, als der Betonfachmann sich noch wenig um den Schiffbauer kümmerte, und der Verwendungszweck des Schiffes als Ponton oder Leichter keine großen Anforderungen an dessen schiffbautechnische Vollkommenheit stellte, mochte eine primitive Linienführung keine wesentlichen Nachteile — zum mindesten keinen vollkommenen Fehlschlag — bedingen. Anders in der jetzt angebrochenen Periode des seegehenden Betonfrachtschiffes und des konkurrenzfähigen Flußleichters. In der Tat kann die Rückkehr zu guten Schiffsformen, wenngleich abgeändert mit Rücksicht auf Baumaterial und Arbeitsvorgang, bei dem Herangehen an größere Aufgaben beobachtet werden.

Der erste praktische Gesichtspunkt, der die Formgebung eines Betonschiffes beeinflußt, ist der, bei gegebenen Hauptabmessungen ein möglichst großes Deplacement zu verwirklichen, um den Gewichtsüberschuß des Schiffskörpers schon durch diesen Auftriebsgewinn teilweise auszugleichen. Man ist also genötigt, für die Völligkeit δ die jetzt üblichen Höchstwerte zu wählen und wird diese nach Prüfung der Sachlage gelegentlich überschreiten. Da der Formwiderstand möglichst ungeändert bleiben soll, so läßt sich ein größeres δ nur durch Ausdehnung und Ausbildung des Mittelschiffs erreichen. In vielen Fällen kann sowohl die Völligkeit β des Hauptspantes als auch die Länge des parallelen Mittelschiffs vergrößert werden. Da es sich meist um langsame Schiffe handelt, bei denen der Wert $\dfrac{V\,\mathrm{kn}}{\sqrt[6]{D}} = 2{,}3$ im dauernden Betrieb nicht überschritten wird, so kann die hierdurch bedingte völlige Form unbedenklich hingenommen werden, denn der Formwiderstand ist in diesem Falle, selbst wenn er eine geringe Vergrößerung erfährt, gegenüber dem für den Gesamtwiderstand ausschlaggebenden Reibungswiderstand, von nebensächlicher Bedeutung. Man wird dieser Erwägung entgegenhalten, daß sie in gleicher Weise für Eisen- oder Holzschiffe Geltung habe und, falls sie beim Betonschiff Vorteil verspreche, ohne weiteres auch bei jenen angewendet werden könne. Hierauf ist zu erwidern, daß die wissenschaftlichen Grundlagen für die richtige Formgebung der Handelsschiffe noch nicht so gründlich entwickelt sind, daß für jeden vorliegenden Fall der zweckmäßigste Typ von vornherein festgelegt werden könnte. Wenn der Bau von Betonschiffen dazu anregt, die Kenntnis in der Formgebung zu vertiefen, so wird ihnen in erster Linie die nützliche Anwendung derselben zugute kommen, und sie wird zusammen mit den übrigen anerkannten Vorzügen des Betonschiffbaues dazu beitragen, etwa noch obwaltende Bedenken zu beheben. Es erwächst also der Betonschiffbauindustrie, wenn sie sich gegenüber dem Eisenschiffbau behaupten will, die Aufgabe, diejenigen Abmessungen und die Schiffsform aufzufinden, bei denen das Betonschiff dem gleichartigen Eisenschiff wirtschaftlich gewachsen ist. Hierbei ist die Zuhilfenahme von Schleppversuchen förderlich. Ein Eisenbetonflußkahn von etwa 650 t Tragfähigkeit war dem Eisenkahn in bezug auf die Tragfähigkeit um 150 t unterlegen; in gleicher Weise war infolge der größeren Abmessungen der Betonkahn auch in bezug auf die Widerstandsverhältnisse unterlegen. Die Auswertung der Schleppversuche ergab, daß der Eisenbetonkahn auf eine höhere Tragfähigkeit gebracht, bei entsprechender Wahl der Hauptabmessungen dem Eisenkahn von derselben Tragfähigkeit ebenbürtig sein würde.

Noch leichter als in diesem Falle läßt sich Gleichheit wirtschaftlicher Ausnutzung erzielen, wenn es sich um Schiffe handelt, die von Haus aus feine Linien und einen geringen Völligkeitsgrad δ haben. Da der Formwiderstand nicht von δ, sondern von $\varphi = \dfrac{\delta}{\beta}$, dem Zylinderkoeffizienten, abhängt, so läßt sich durch gleichzeitige Vergrößerung von δ und β, d. h. durch eine Vermehrung des Deplacements unter Vergrößerung der Hauptspantfläche, ein Wert von φ ermitteln, der trotz größeren Deplacements gleichen oder geringeren Formwiderstand ergibt. Oft genügt die Heranziehung der Taylorschen Widerstandskurven, um den Vorteil eines derartigen Kompromisses festzustellen. Zu den Schiffen mit scharfer Linienführung gehören beispielsweise die Fischdampfer. Bei der Ausführung in Eisenbeton können sie, unbeschadet der Seefähigkeit und Geschwindigkeit, völliger und somit bei nur unwesentlich vergrößerten Abmessungen konkurrenzfähig im Wettbewerb mit Eisenschiffen ausgeführt werden.

Die beiden angeführten Beispiele zeigen, daß die Auswahl konkurrenzfähiger Schiffstypen in Eisenbeton an ganz bestimmte Größenverhältnisse gebunden ist. Auch beim Bau von seegehenden Handelsschiffen ist es zur Sicherung eines wirtschaftlichen Erfolges notwendig, die geeigneten Typen sorgfältig auszuwählen. Jedoch erleichtert wesentlich das vorteilhafte Verhalten der benetzten Oberfläche eines Betonschiffes im Seewasser gegenüber derjenigen eines eisernen Schiffes diese Bestrebungen. Die Oberfläche des Betonschiffes bewächst bei weitem nicht in dem Maße wie die eiserne Außenhaut; auch behält sie, wenn sie von vornherein glatt und dicht hergestellt war, diese Glätte unverändert bei, während das Eisenschiff anrostet und in kurzen

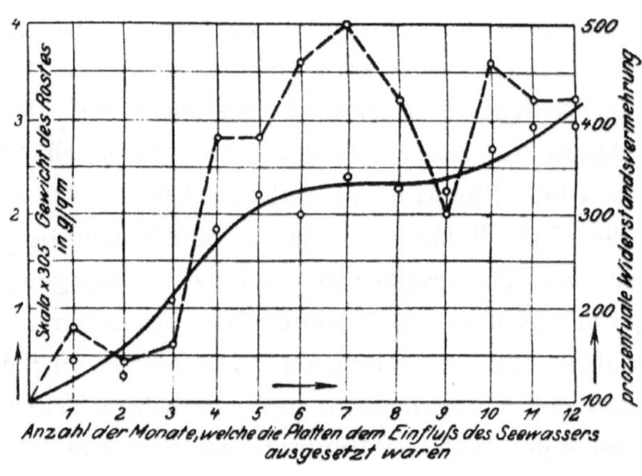

Abb. 27.

Zwischenräumen gestrichen werden muß. Durch Versuche von D. W. Taylor und W. Mc. Entee ist festgestellt, daß eine Eisenplatte, wenn sie dem Seewasser 6 Monate ausgesetzt war, um etwa 300 %, nach 12monatiger Berostung über 400 % an Reibungswiderstand zunimmt (Abb. 27). Hieraus ist zu ersehen, wie wenig maßgebend für die Wirtschaftlichkeit eines seegehenden Handelsschiffes die bei der Probefahrt — also bei glattem Unterwasserschiff — erzielte Geschwindigkeit und der hierbei gemessene Kohlenverbrauch sind. Beim Vergleich zwischen Eisen- und Betonschiffen erfordert die Gerechtigkeit, als Grundlage nicht die Messungen bei der Indienststellung, sondern diejenigen nach längerer, beispielsweise halbjährlicher Betriebszeit, zu wählen. Es wird sich alsdann ergeben, daß das völligere und in seinen Abmessungen größere Betonschiff keine höhere Maschinenkraft, infolgedessen keinen höheren Brennstoffverbrauch, bedingt als das in bezug auf die anfänglichen Widerstandsverhältnisse vorteilhaftere Eisenschiff. Der Betondampfer „Faith" benötigt für eine Geschwindigkeit von 10 Knoten eine indizierte Maschinenleistung von 1750 PS. Ein Eisenschiff von der nämlichen Tragfähigkeit (5000 t) würde für die gleiche Geschwindigkeit nur 1500 PS gebrauchen. Rechnet man nach halbjährigem Betrieb einen Reibungszuwachs von 150 %, was mit der Wirklichkeit unter Berücksichtigung des geringeren Bewachsens bei Fahrt gut übereinstimmen dürfte, so würde das Eisenschiff einen Knoten an Fahrt einbüßen. Hätte man der „Faith" von vornherein eine Maschinenanlage von nur 1500 PS wie dem Eisenschiff gegeben, so würde das Schiff dauernd anstatt 10 nur 9½ Knoten laufen, aber dem Eisenschiff bereits nach halbjährigem Betrieb um ½ Knoten überlegen sein.

Die dauernde Glätte einer sorgfältig hergestellten Oberfläche ist sonach von direktem Einfluß auf die Bemessung der Betonschiffe, und es darf festgestellt werden, daß bis jetzt alle Autoren diesen Vorzug hervorheben. Er ist tatsächlich von hervorragender Bedeutung für die wirtschaftliche Eignung der Betonschiffe im Wettbewerb mit eisernen Schiffen, und es wäre nur zu wünschen, daß über diesen Punkt noch weiteres Material gesammelt würde. Versuche mit Eisen- und mit Betonplatten sind bei der Eisenbetonschiffbau A.-G. Hamburg in der Ausführung begriffen.

Um die Bordseiten gegen Scheuern und Zerkratzen zu schützen, war man seit Einführung des Betons als Schiffbaumaterial darauf bedacht, das Deck über die nach unten eingezogene Bordwand vorstehen zu lassen und die Schutzkante mit kräftigen Fendern und Reibhölzern zu versehen. Abb. 28 zeigt einen im Jahre 1913 entstandenen Prahm, der im Extrem nach diesem Gesichtspunkt ausgebildet ist. Das Mißtrauen gegenüber dem Verhalten des Eisenbetonschiffes bei Stoßverletzungen spiegelt sich in dieser Bauart wieder. Zwar hatten die Eisenbetonfachleute reichliche und dafür ermutigende Erfahrungen im Bau von Fundamenten, Brücken, bombensicheren Unterständen usw., jedoch wollte man auf dem neuen Gebiet des Schiffbaus mit seinen dünnen Wandungen besonders sicher gehen, so daß Schiffsformen entstanden, die von den herkömmlichen erheblich abwichen und nun ihrerseits dazu beitrugen, die Einführung des neuen Baumaterials zu erschweren. Die hier obwaltende Vorsicht war verständlich, sie darf aber durch inzwischen im Schiffsbetrieb gesammelte Erfahrungen, welche jene des Landbaus bestätigen, auf das richtige Maß zurückgestellt werden. Ich will es unterlassen, auf die bekannten italienischen Rammversuche mit Betonpontons, auf die bekannt gewordenen kleinen und großen Havarien mit Leichtern und Schwimmkörpern aus Eisenbeton, ferner auf die Strandung des Eisenbeton-Motorschiffes „Namsenfjord" im vergangenen Jahre nochmals einzugehen. In allen diesen Fällen hat sich der Eisenbeton als stoßfestes Baumaterial erwiesen, und wenn ein Betonschiff mit einem Eisenschiff kollidierte, hat meistens das letztere den schwereren Schaden gehabt.

Bei Havarien von Schiffen spielt die praktische Sachlage gegenüber den allgemeinen Vorbedingungen, die der Erörterung über den wahrscheinlichen Verlauf des Unfalls zugänglich sind, eine ausschlaggebende Rolle, und der in der Praxis stehende Schiffseigner wird sich weniger durch theoretische Erwägungen als durch den praktischen Beweis belehren lassen. Ich beschränke mich daher auf dieses: Erfolgt gegen eine Eisenbetonwand ein heftiger Stoß, so wird der Beton an der getroffenen Stelle gedrückt, die Eiseneinlage wird gezogen. Zerstörung tritt zunächst am Beton auf, da die Eiseneinlage gegen direkte Berührung mit dem stoßenden Körper geschützt ist. Da nun die Betonwand, ebenso die sie stützenden Spanten, Stringer und anschließenden Decks erheblich dicker und massiger sind als bei einem Eisenschiff die eiserne Außenhaut, so kann sich der Stoßdruck schneller auf einen weiteren Bereich erstrecken, als bei dem dünnwandigen Eisenschiff, und folglich wird bei dem ersteren der Stoß besser aufgefangen und weniger örtliche Zerstörung im Gefolge haben als bei dem letzteren. Dem Eisenbeton kommt hierbei zugute, daß die Knickfestigkeit seiner Konstruktionsglieder infolge des größeren Trägheitsmomentes des Querschnitts größer ist als bei einer Eisenkonstruktion, und daß die Einheitlichkeit des Betongusses keine schwachen und leicht zerstörbaren Stellen aufweist, wie sie dem Eisenschiff in seinen Nietverbindungen eigen sind.

Bei schweren Schiffshavarien treten an der betroffenen Stelle solche gewaltigen Stoßdrücke auf, daß keine Konstruktion, ob aus Eisen oder Beton, der lokalen Zerstörung gewachsen ist. Man wird billigerweise an das neue Baumaterial nicht schärfere Anforderungen stellen können, als sie dem Eisenschiff seither zugemutet worden sind, und folglich sind Formgebungen des Schiffskörpers, die in übertriebener Weise denselben gegen Stoßverletzungen schützen sollen, nicht erforderlich. Maßvoll angewendet, ohne die Schiffsbreite wesentlich zu vergrößern, wird die nach oben ausfallende Bordwand nützlich sein und dürfte nicht allzu viel Widerspruch bei dem Eigner finden (Abb. 29).

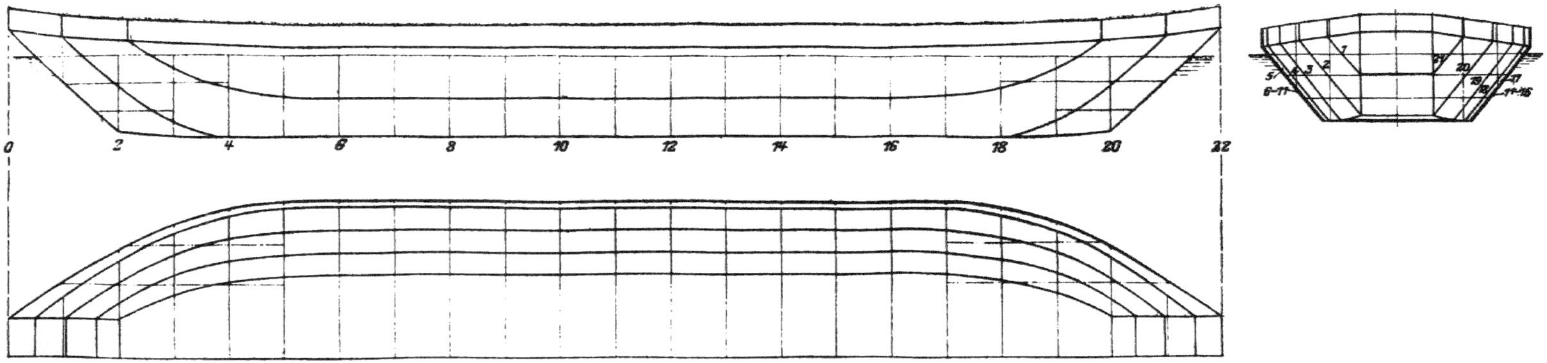

Abb. 28.

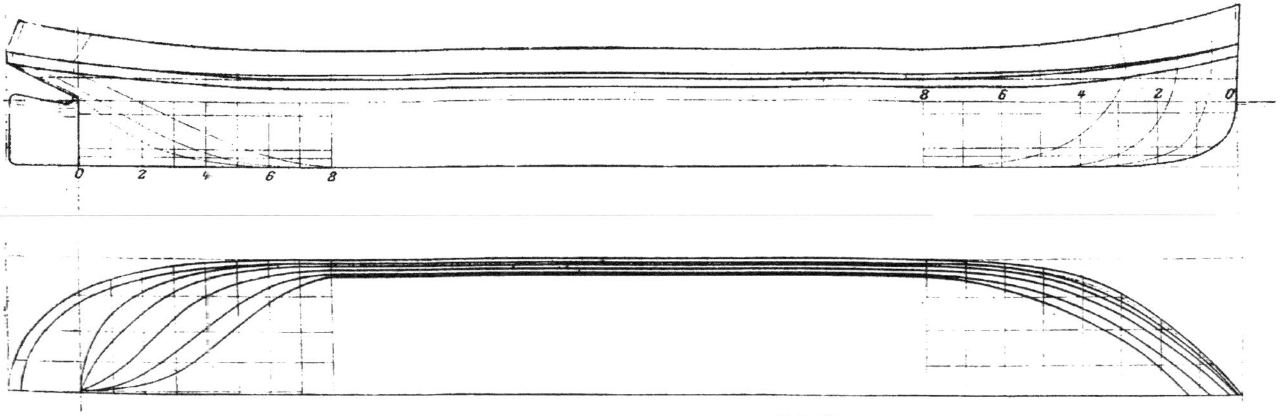

Abb. 29.

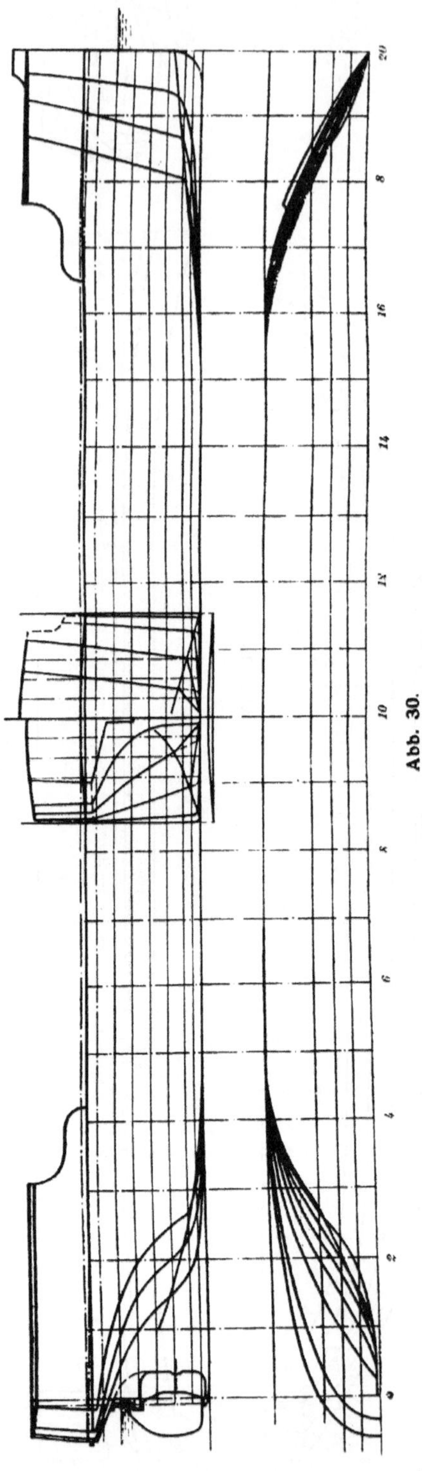

Abb. 30.

Die Notwendigkeit, Eisenbetonschiffe, sobald sie verantwortliche Konstruktionen darstellen, zwischen doppelwandiger Verschalung gießen zu müssen, ist von Einfluß auf die Form der Schiffe, trotz der großen Bildsamkeit des Betons an sich. Wollte man die üblichen Schiffsformen zugrunde legen, so würde die Einschalung viel Zeit und Geld erfordern. Auch würde der Verschnitt an Schalungsbrettern sehr erheblich, ihre mehrfache Verwendung erschwert oder unmöglich sein. Es ist also auch aus diesen Gründen zweckmäßig, ein langes paralleles Mittelschiff der Form zugrunde zu legen und im Vor- und Hinterschiff möglichst gradlinige Spantformen zu verwenden.

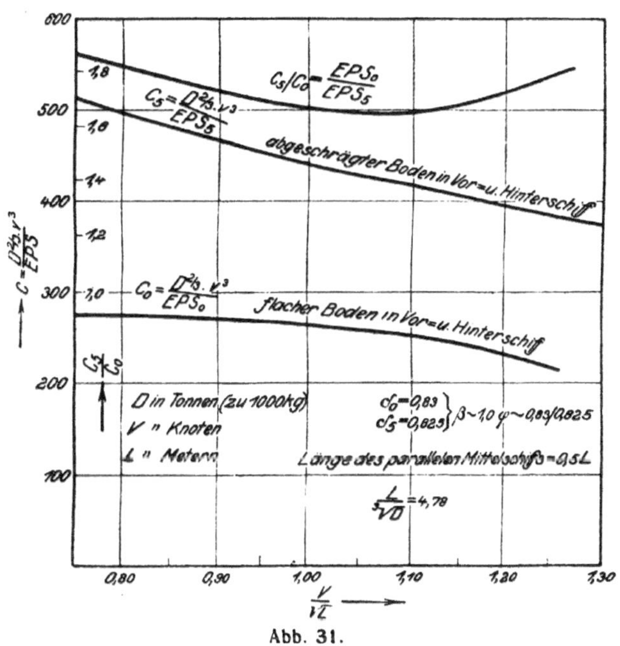

Abb. 31.

Der Linienriß (Abb. 30) eines englischen im Bau befindlichen Schiffes ist aus den Erwägungen entstanden, eine leicht herzustellende Schalung ohne Vergrößerung des Schiffswiderstandes zu erzielen. Die Besonderheit der Konstruktion besteht darin, daß bei einem parallelen Mittelschiff von 50 % der Schiffslänge die Spanten fast vollkommen gradlinig gehalten sind mit geringfügiger Abrundung der Kimm und der Hinterschiffsspanten. Zur Verminderung des Formwiderstandes ist sowohl vorn als auch achtern der Boden in scharfer Aufkimmung an die senkrechten Spantlinien angeschlossen. Die Wasserlinien sind von normalem Verlauf.

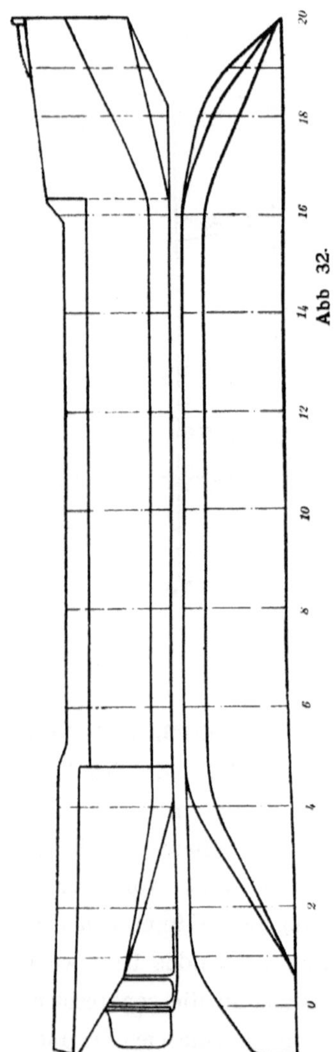

Abb. 32.

Abb. 34.

Abb. 33.

Schleppversuche im Versuchstank haben ergeben, daß durch das scharfe Hochziehen des Bodens im Vor- und Hinterschiff der Formwiderstand wesentlich verringert werden konnte. Es wird dies darauf zurückgeführt, daß diejenigen Wasserfäden, welche im Vor- und Hinterschiff quer zur Fahrtrichtung fließen, infolge Schrägstellen des Bodens leichter um die Kimmecke passieren können. In Abb. 31 sind die Versuchsergebnisse dargestellt, und es ist hieraus zu entnehmen, daß das flachbodige Schiff mindestens 70 % mehr Widerstand hat als das abgeänderte Modell. Abb. 32 zeigt den Linienriß eines anderen englischen Betonschiffes mit übertriebener Vereinfachung der Form. Es handelt sich um ein Motorschiff für die Küstenfahrt von 38,1 m Länge zw. Perp., 7,62 m Breite und 3,58 gemallte Tiefe, angetrieben von einem Motor von 120 abgebremsten PS. Das parallele Mittelschiff umfaßt $^2/_3$ der ganzen Länge. Alle Umgrenzungen des Rumpfes, sogar der Deckssprung. sind gradlinig zusammengesetzt und nur durch kurze Abrundungen ineinander übergeführt. Wie der Konstrukteur des Schiffes angibt, ist diese Schiffsform mit Rücksicht darauf gewählt worden, weil bei ebenen Flächen die Bewehrungseisen genauer fixiert werden können als bei Flächen räumlicher Krümmung, eine Auffassung, die von anderen Fachleuten nicht geteilt wird. Obwohl die richtige Lage der Rundeisen Voraussetzung ihrer guten Wirkung ist, so dürfte die soeben besprochene Schiffsform dennoch als ein Extrem zu betrachten sein, das nur in stark gemilderter Form Nachahmung verdient.

Die Abbildungen 33 und 34 zeigen Vor- und Hinterschiff des großen amerikanischen Betonfrachtschiffes „Faith". Das Schiff hat ein Deplacement von 7900 t mit einem Ladevermögen von 5000 t deadweight. Es ist 102,4 m lang, 13,72 m breit und vom Oberdeck ab 9,44 m tief. Der Ladetiefgang beträgt 7,32 m. Das Schiff soll mit 1750 indizierten Pferdestärken eine Geschwindigkeit von 10 Knoten erreichen. Die Schiffsform ist von der üblichen stark abweichend. Die Kimm ist im Vorschiff eckig zum Vorsteven herangeführt, während im Hinterschiff der Boden bei gradliniger Spantform bis fast zur Höhe des Decks hinaufgezogen ist. Die Bordwände sind ebenso wie der Boden in den Spanten ganz gradlinig, und nur die Konstruktions-Wasserlinie hat einen angenähert normalen Verlauf. Die gewählte Schiffsform dürfte bei dem mäßigen Geschwindigkeitsgrad $\frac{V_{kn}}{\sqrt[6]{D}} = 2,35$ gegenüber einer normalen Linienführung keinen wesentlichen Mehrwiderstand ergeben.

Schon bevor man an den Bau großer Betonschiffe dachte, hatte man

sich vielfach mit dem Gedanken einer Vereinfachung ·der Schiffslinien beschäftigt. Der leitende Gesichtspunkt war hierbei, die Seeschiffe für den

Abb. 35a.

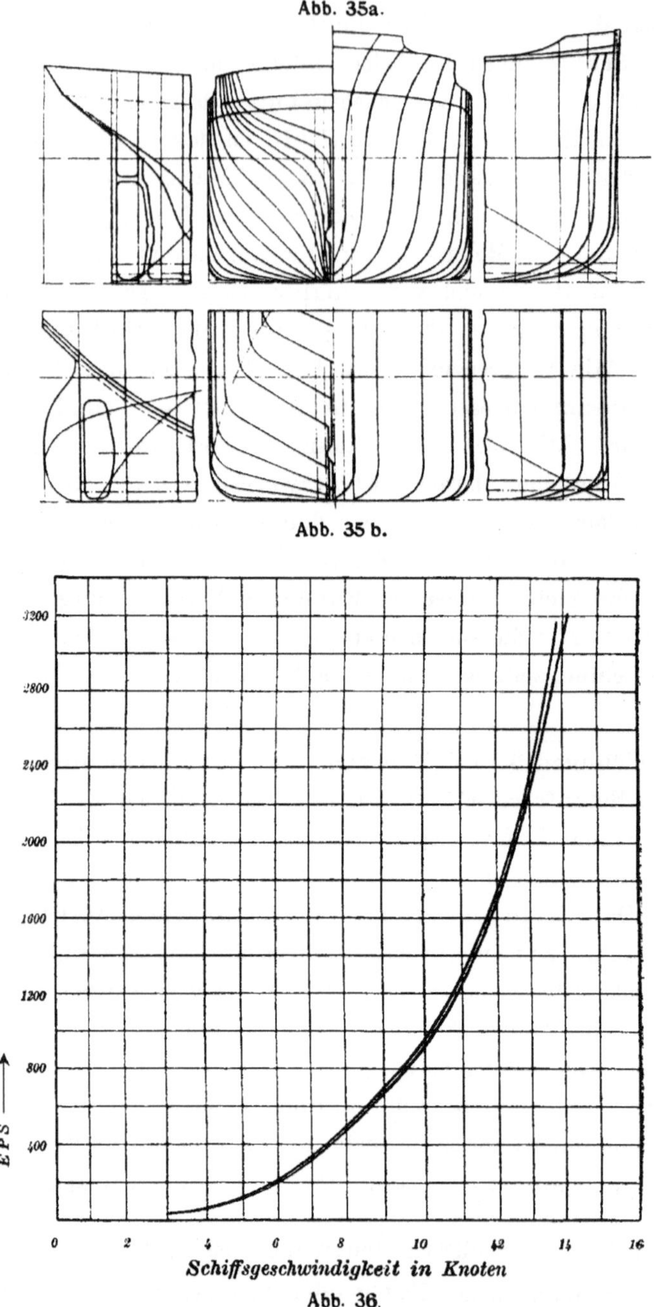

Abb. 35 b.

Abb. 36.

Serienbau geeigneter zu machen. Dies führte, ähnlich wie im Betonschiffbau, zum Ersatz der gewölbten Flächen durch Ebenen oder Flächen einfacher Krümmung sowie an den Übergangsstellen, wo Kurven unumgänglich sind, zur alleinigen Anwendung des Kreises und zur Vermeidung von Kurven doppelter Krümmung. Der Einfluß solcher Vereinfachungen auf den Schiffswiderstand ist von William MCEntee (Int. Mar. Egg., Januar 1918) untersucht worden. Abb. 35 a zeigt den gewöhnlichen Linienriß eines Frachtdampfers von 122 m Länge, 13 137 t Deplacement und 10½ Knoten Fahrt im Vergleich mit der vereinfachten Form (Abb. 35 b). Abb. 36 gibt den Zusammenhang zwischen der Geschwindigkeit und der hierzu nötigen effektiven Maschinenleistung, und zwar gehört die untere, etwas günstigere Kurve zu

Abb. 37.

der normalen Schiffsform. Bei 10½ Knoten kommt diese mit einer um nicht ganz 2 % geringeren Leistung aus als das vereinfachte Schiff. Da es sich bei der vorliegenden normalen Schiffsform um einen Typ handelt, der anerkannt gute Ergebnisse aufzuweisen hat, so dürfte der Unterschied von noch nicht 2 % bei Höchstgeschwindigkeit kaum zuungunsten der vereinfachten Form sprechen, da bei weniger schöner, aber normaler Linienführung schon erheblichere Abweichungen möglich sind.

8. Bauausführung.

Die Eisenbetonindustrie ist als Baugewerbe genötigt, ihren Betrieb bei Landbauten am Ort der Baustelle einzurichten und nach beendigter Arbeit wieder fortzuverlegen. Bleibende Baueinrichtungen, wie sie im

Eisenschiffbau üblich sind, kannte man im Eisenbetonbau bislang nicht, es sei denn, daß die Fabrikation von Röhren, Rammpfählen, Masten und ähnliches hierher gerechnet würde. Die Aufnahme des Schiffbaus hat hierin Wandel geschaffen, indem die Betonfirmen daran gegangen sind, sich geeignete Stapelplätze für ihren Schiffbaubetrieb einzurichten. Die hierzu nötigen Vorrichtungen sind allerdings im Verhältnis zum Eisenschiffbau überraschend einfach (Abb. 37), da die vorbereitenden Arbeiten für den Einbau des Eisens entweder ganz entfallen oder nur einfacher Art sind. An die Stelle der Eisenbearbeitungswerkstätten tritt der Biegeplatz, wo das Längen und Biegen der Rundeisenstangen vorgenommen wird. Auf einfachen mit Pflöcken versehenen Tischen werden sie mit der Hand oder mit Hebelmaschinen auf die in den Armierungszeichnungen gewünschte Form gebracht. Bei dicken Stangen wird ein Schmiedefeuer zum Anwärmen der Biegestelle zu Hilfe genommen. Eine weitere Bearbeitung der Eisen kommt nicht in Frage.

An Gebäuden sind vorhanden: ein Werkbureau mit daran anschließendem Schnürboden, das Inventarien- und Werkzeuglager, schließlich einige Schuppen zur Lagerung des Zementes und der Eisenstangen. Etwas abseits — mit Rücksicht auf Feuersgefahr — liegt ein Holzstapelplatz für das Schalungs- und Rüstholz, und ebenso wie dieser mit Gleisanschluß versehen. findet sich hier der Lagerplatz für die Zuschlagstoffe, wo sie — falls nötig — gesiebt und aufbereitet werden.

Die Betriebseinrichtungen sind sehr einfach; im wesentlichen gehören hierzu eine oder mehrere Betonmischmaschinen, eine Steinzerkleinerungsmaschine, einige Holzbearbeitungsmaschinen, ein Materialienaufzug für jede Helling mit dem dazugehörigen Fahrgerüst zum Fördern und Heranschaffen des Betons von der Mischmaschine zur Arbeitsstelle. Dies geschieht unter Verwendung kleiner auf einem Doppelgleise laufender Kippwagen. Im Falle direkter Zuführung des Betons bedient man sich des hoch hinauf geführten Materialienaufzugs als Verteilungsturm. Auf diesem ist in erheblicher Höhe ein Trichter angebracht. von welchem aus vermittels eines Rinnensystems der flüssige Beton den Verwendungsstellen zugeführt wird. Zu nennen ist noch die Wasserleitungsanlage, die sowohl zum Anmachen des Betons als auch zur Feuchterhaltung des erhärtenden Betons notwendig ist. Das Wasser soll schlammfrei und nicht mit organischen Stoffen verunreinigt sein; es darf nur geringe Mengen von Kohlensäure und Schwefelverbindungen enthalten.

Die Hellinganlage mit den Ablaufeinrichtungen ist wohl stets für den Querablauf berechnet, weniger um dem Schiffskörper beim Zuwasserlassen große Biegeanstrengungen zu ersparen, als vielmehr um die durch die winkelrechte Aufstellung des Schiffskörpers bedingte Vereinfachung im Bau auszunutzen. Eine geneigte Lage des Schiffes, wie sie die Längshelling bedingt, würde die Aufstellung der Einschalung und auch das Gießen, besonders der wagerechten Decken und Böden, erschweren.

Die Zusammensetzung des Arbeiterstammes, der unter der Leitung eines Werkmeisters den Bau erstehen läßt, ist bei weitem nicht so vielseitig wie auf einer Eisenschiffswerft. Es sind folgende Kategorien beschäftigt.

1. Die Zementeure, alte gelernte Zementfacharbeiter, die mit allen Arbeiten vertraut sind, und die in der Herstellung des letzten Putzes besondere Fertigkeit haben.

2. Die Betonarbeiter, welche das Mischen des Betons, den Transport und das Einbringen in die Schalung ausführen.

3. Die Einschaler, die besonders in den vorkommenden Holzarbeiten bewandert sind und das Gerüst und die Verschalung aufbauen; sie nehmen auch die Ausschalung des fertigen Baues vor.

4. Die Flechter, die das Biegen und Verlegen der Eiseneinlage zu besorgen haben.

5. Ungelernte Bauarbeiter zur Hilfeleistung, die sich allmählich in die vorgenannten Stufen einarbeiten.

Es liegt auf der Hand, daß sich die letzte Kategorie im Betonschiffbau in größerem Umfang verwenden läßt als im Eisen- oder Holzschiffbau. Hierzu kämen noch einige Schiffbaufacharbeiter, die schon zum Zweck der Anweisung in rein schiffbaulichen Dingen nicht zu entbehren sind.

Bei der Herstellung des Schiffskörpers lassen sich drei Methoden unterscheiden: bei der ersten wird überhaupt keine Schalung verwendet, die zweite begnügt sich mit der inneren Schalung und die dritte Bauart entspricht vollkommen der für ortsfeste Bauten üblichen Methode unter Verwendung doppelter Schalung.

Die schalungslose Bauweise bedarf zunächst eines aus Rundeisen hergestellten Gerüstes, das die Schiffsform genau widergibt; das Gerüst wird mit einem dichten Drahtnetz überzogen, das von beiden Seiten mit Mörtel bedeckt wird. Die Mörtelschicht wird so lange verstärkt, bis die gewünschte

Dicke erreicht ist und alle Eiseneinlagen genügend eingebettet sind. An Stelle
des Eisengerippes werden bei einer von Gabelini angewendeten Methode die

Abb. 38

Spanten, Decksbalken und Bodenträger für sich als besondere Konstruktions-
teile hergestellt und nach dem Erhärten zu einem Traggerippe für das Draht-

netz zusammengefügt, so daß die Außenhaut, wenn auch mit den Spanten und
Balken fest verbunden, nicht ein monolithisches Ganze mit diesen Teilen bildet.
Hierin liegt ein Nachteil der Methode, die auch große Geschicklichkeit beim
Betonieren voraussetzt und den Erfolg von der Handfertigkeit und Gewissen-
haftigkeit des Arbeiters allzu sehr abhängig macht. Um die Handarbeit einzu-
schränken, bedient man sich in Amerika nach der ersten Abdichtung des Netzes
einer pneumatischen Zementspritze, der Cement-gun, die bei einiger Geschicklichkeit ein gleichmäßiges Aufbringen des Betonbelages ermöglicht. Die Beton-

Abb. 39.

kanone bietet vor allem den Vorteil, daß die Masse mit einem gewissen Druck
aufgebracht wird und daß bei der feinen Verteilung der Stoffe in dem Beton-
strahl eine absolut dichte Wandung hergestellt werden kann.

Die Bauart mit einseitiger Schalung macht das feinmaschige Drahtnetz
entbehrlich, erleichtert das Zurichten der Eiseneinlage und gestattet eine zu-
verlässigere Aufbringung des Betons bei Handbetrieb. Diese von Harald
Alfsen entwickelte Methode hat zur Voraussetzung, daß das Schiff kieloben
gebaut wird. Der Stapellauf mit der sich hieran anschließenden Umwendung
des Schiffes ist eine unerwünschte Komplikation und läßt den Bau großer
Schiffe nach dieser Bauart nicht zu. Es ist natürlich, daß ein so neues und
interessantes Gebiet wie der Eisenbetonschiffbau viele neue und originelle

Ideen entstehen läßt; die rauhe Wirklichkeit setzt vielen ein schnelles Ziel und entwickelt meist nur solche, die nicht allzu sehr von dem Herkömmlichen abweichen. Zu dem Herkömmlichen im Eisenbetonbau gehört es aber, horizontale Wandungen offen zu stampfen, senkrechte Wände dagegen zwischen zwei festen Schalungen zu gießen. Die Anwendung dieser bewährten Methode scheidet von vornherein alle jene mißlichen Zwischenfälle aus, die an und für sich mit der Anwendung des Eisenbetons im Schiffbau nichts zu tun haben. Ohne die weitere Ausbildung zu behindern, ermöglicht sie die Übertragung aller Erfahrungen des Landbaus auf das neue Gebiet. Selbst der größere Verbrauch an Schalungsholz spielt diesem Vorteil gegenüber keine ausschlaggebende Rolle. Abb. 38 zeigt das Baugerüst und die Außenschalung des großen amerikanischen Betondampfers „Faith", welche mit Rücksicht auf den an der Küste herrschenden erheblichen Winddruck recht massiv ausgeführt werden mußten.

Die äußere Schalung gibt die eigentliche Schiffsform, die innere Schalung gibt die Wandstärke und die an der Wandung sitzenden Versteifungsrippen. Während die äußere Schalung nur im Bereich der gekrümmten Schiffslinien im Vor- und Hinterschiff einige Schwierigkeiten verursacht, ist die innere Schalung oft recht kompliziert. Sie wird losnehmbar aus vielen Einzelfeldern zusammengesetzt und erst nach genauem Verlegen der Rundeisen endgültig befestigt. Der Boden erhält in seinem angenähert horizontalen Verlauf keine innere Schalung. Die Bodenwrangen und Längsspanten werden zwischen zwei Wandungen gleichzeitig mit der Betonierung des Bodens gegossen (Abb. 39). Hieran schließt sich der Guß der Wandungen, nach deren Fertigstellung das Deck mit allen seinen Konstruktionsgliedern zum Guß gelangt. Das stufenweise Fortschreiten der Betonierung bietet die Gewähr, daß jedem Teil das höchste Maß an Sorgfalt zugewendet werden kann.

Um an Rippenschalung zu sparen, ist bei dem System „Well" auf jede Absteifung des Bodens und der Bordwände in Form von Bodenwrangen und Spanten verzichtet. Dies ist bei kleinen Fahrzeugen durchführbar, die vermöge ihrer Querschnittform und Wandstärke genügend Seitensteifigkeit besitzen. In Abb. 40 ist das Hauptspant eines Leichters dieses Systems dargestellt, der sowohl in bezug auf Einfachheit der Herstellung als auch Leichtigkeit des Rumpfes kaum zu übertreffen sein dürfte.

Die zuerst von Gabelini angewendete Methode, einzelne Teile der Struktur zuerst fertig herzustellen und so in das Schiff einzubauen, ist weiter entwickelt worden, indem auch flache Wandungen, wie Schotten, Tankdecke, Plattformen in vorher fertiggestelltem Zustand zum Einbau gelangen, wobei sie mit der Außenhaut und den übrigen Bauteilen durch Zusammenflechten der Einlage und Ausgießen der Verbindungsstellen vereinigt werden. Man geht dabei von dem Gedanken aus, daß die größten Beanspruchungen durch den Schiffsboden, die Bordwände und das oberste Deck aufgenommen werden und mithin die im Schiffsinnern liegenden Bauteile im allgemeinen geringer beansprucht werden, so daß der Nachteil beeinträchtigter Monolithität in Kauf genommen werden kann gegenüber dem Vorteil einer Vereinfachung der Bauart.

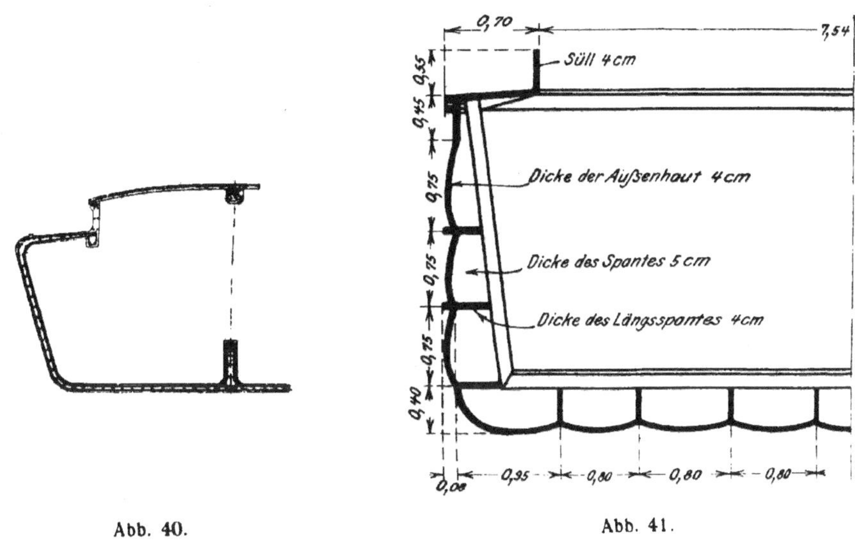

Abb. 40.   Abb. 41.

Die im Eisenschiffbau durch Erleichterungslöcher in den Stegblechen erzielte Gewichtsersparnis kann im Betonschiffbau wegen der Eiseneinlagen nicht im gleichen Umfang verwirklicht werden; auch würde die Einschalung zum Zweck der Aussparung der Durchbrechungen noch teurer und komplizierter werden. Der gleiche Zweck ist zu erreichen, indem an Stellen geringer Beanspruchung Leichtkörper — etwa Hohlsteine — eingebaut werden, die von dem Beton mit eingeschlossen sind.

In Frankreich ist eine Bauweise von dem Ingenieur M. Lorton-Paris ausgebildet worden, die außerordentlich leichte Schiffe für die Binnenschifffahrt ergeben hat. Lorton stellt die rechteckigen oder quadratischen Plattenfelder der Außenhaut unabhängig von dem eigentlichen Traggerippe her und

verbindet sie später mit dem an Ort und Stelle gegossenen Spantsystem. Er
geht also umgekehrt vor wie Gabelini, der zuerst die Spanten unabhängig von
der Außenhaut anfertigt und dann dieselben mit einer nach der Rabitzmethode
hergestellten Hülle versieht. Bei den Lortonschen Außenhautplatten (Abb. 41
u. 42), die zum Zweck größerer Druckfestigkeit eine leichte Wölbung besitzen,
ragt die Eisenbewehrung am Rande über die Betonmasse vor, so daß die Platten
in die Bewehrung der Struktur eingeflochten werden können. Bei diesem
System wird die Quer- und Längsfestigkeit ausschließlich durch die Trageisen
der Struktur gewährleistet, so daß es nur für Flußkähne in Anwendung kommt;
hier allerdings ist der Erfolg, wenn den Mitteilungen aus „Le Génie Civil"

Abb. 42.

(1908 Nr. 1) Glauben beigemessen werden darf, überraschend, indem das Eigengewicht der Betonkähne bei außerordentlich sparsamem Eisenverbrauch sich
recht niedrig stellt. Ein Flußleichter von 675 t Tragfähigkeit beanspruchte
bei einem Eigengewicht von 170 t nur 12 t Eisen. Diese Baumethode beweist
jedenfalls, wie ausbildungsfähig hinsichtlich Gewichts- und Eisenersparnis
der Eisenbetonschiffbau ist, und sie läßt auch betreffs des Seeschiffbaus noch
viele Entwicklungsmöglichkeiten offen.

9. Gesichtspunkte für die Rentabilität.

Um zu einer Abschätzung der Rentabilität von Eisenbetonschiffen
gegenüber reinen Eisenschiffen zu gelangen, sind die Unterschiede der ein-
maligen, der periodisch wiederkehrenden und der laufenden Ausgaben zu ver-
gleichen. Es stehen folgende Positionen zur Erörterung:

<table>
<tr><td>1. Anschaffungspreis</td><td>3. Betriebsverbrauch</td></tr>
<tr><td>a) für den Schiffskörper</td><td>a) an Brennstoff</td></tr>
<tr><td>b) „ die Maschinenanlage</td><td>b) „ Schmiermitteln und</td></tr>
<tr><td>c) „ „ Ausrüstung</td><td>Maschinenmaterial</td></tr>
<tr><td>2. Wertsicherung</td><td>c) „ Hafenabgaben, Steuern</td></tr>
<tr><td>a) durch Abschreibung</td><td>d) „ Provision und Gebühren</td></tr>
<tr><td>b) „ Versicherung</td><td>e) „ Verwaltung</td></tr>
<tr><td>c) „ Unterhaltung</td><td>f) „ Löhnen und Gehältern.</td></tr>
</table>

Die Position 1 b sowie die ganze Gruppe 3, außer Position 3 c, können außer acht gelassen werden, da sie aus den vorher erörterten Gründen keine wesentliche Änderung erfahren.

Der Anschaffungspreis für den Betonschiffskörper wird allgemein niedriger angegeben wie für ein Eisenschiff gleicher Tragfähigkeit. Die Ersparnis ist begründet in dem geringeren Verbrauch an Eisen, der einfacheren Baueinrichtung und der leichteren Durchführung des Baues. Die relative Größe der Ersparnis wird von den einzelnen Autoren sehr verschieden eingeschätzt. Die Basis ihres Vergleiches ist meist nicht bekannt oder unsicher. Gabelini schätzt seine Schiffe um die Hälfte billiger als Eisenschiffe. Gueritte kommt mit 50—53 % Ersparnis dieser Angabe fast gleich. Allan Hoar findet eine Ersparnis von 54 % heraus. Ein Wettbewerb um Baggerprähme in Stettin ergab im Jahre 1917 einen Unterschied zugunsten des Angebots in Eisenbeton der Firma Christiani & Nielsen, Kopenhagen, von 27,5 % gegenüber dem billigsten Angebot in Eisen. Perrey (Stadtbaurat in Mannheim) gibt eine Ersparnis von nur 10 % an; ebenso vorsichtig ist A. Boon, der bei seinen Eisenbetonschuten nicht mehr als 10—20 % Unterschied gegenüber der Ausführung in Eisen zugestehen kann.

Werfen wir, um klarer zu sehen, einen Blick auf das dem Schiffbau verwandte Gebiet des Brückenbaues. Hier zeigt sich, daß Eisenbetonbrücken fast stets billiger sind als eiserne Brücken[1]). Bei geringen Spannweiten ist der Unterschied größer und macht je nach der Bauart im Mittel 11—19 %. im günstigsten Falle bis 37 % aus. Bei Vergrößerung der Spannweite nimmt die Ersparnis ab; Kostengleichheit tritt ein in Abhängigkeit von der Bauart bei 80—90 m Spannweite. Auf den Schiffbau übertragen, ist hieraus zu folgern, daß gedrungene Schiffskörper (große Höhe bei beschränkter Länge)

---

[1]) Gesteschi, Der wirtschaftliche Wettbewerb vom Eisen und Eisenbeton im Brückenbau. Berlin 1918. Ernst & Sohn.

preiswerter geliefert werden können als schlanke Schiffe (beschränkte Höhe bei großer Länge) und daß bei einem bestimmten Verhältnis $\frac{H}{L}$ Kostengleichheit eintritt. Da die Seitenhöhe H für jeden Schiffstyp nur in beschränktem Maße vergrößert werden kann, so hat jeder Typ eine Grenzlänge, bis zu welcher er mit dem Eisenschiff wirtschaftlich konkurrieren kann.

Da der Eisenbetonschiffbau zu einer Zeit völliger Umwertung aller Preisangaben seine Entwicklung begonnen hat, so ist ein heut einigermaßen gültiger Vergleich mit eisernen oder hölzernen Schiffen kaum noch möglich, und ein solcher muß sich auf Angaben aus der Friedenszeit beschränken. Der Preis für den Beton setzt sich zusammen aus dem Preis des Zemenis und dem der Zuschlagsstoffe. Die letzteren bedingen mit Rücksicht auf ihre besondere Auswahl einen erheblich höheren Preis als bei Verwendung von an Ort und Stelle erhältlichen Sand, Kies oder Schotter. Auch die fettere Mischung bedingt einen höheren Einheitspreis für den cbm Beton als eine der im Landbau üblichen mageren Mischungen. Der Arbeitslohn für Herstellen und Einbringen der Betonmischung ist im Schiffbau höher als im Landbau, da es sich um relativ geringe Betonmengen handelt, die aber einer sorgfältigen Behandlung zu unterziehen sind.

Die Preise für das verwendete Rundeisen sind um etwa 40 % niedriger als die für Schiffbaustahl, die Arbeitslöhne für Zuschneiden, Biegen und Verlegen nicht höher als für andere Eisenbetonbauten.

Erhebliche Kosten verursacht das Einschalen des Baues sowohl an Holz als auch an Arbeitslohn. Es ist zu unterscheiden zwischen der einfachen Wand- und Deckenschalung und der kostspieligeren Rippenschalung. Handelt es sich um gleichartige oder gar Serienbauten, so kann die Schalung mehrfach benutzt werden, so daß für den einzelnen Bau nur ein Prozentsatz für Abnutzung einzusetzen ist. Leider hat es damit im Betonschiffbau mangels gleichartiger Aufträge noch gute Weile, so daß fast der volle Betrag an Einschalung berechnet werden muß.

Über die für die Wertsicherung des Objektes nötigen Beträge liegen so gut wie keine Erfahrungen vor und die persönliche Meinung beherrscht das Feld. Betreffs der Abschreibungen wird allgemein wohl mit Recht angenommen, daß ein Betonschiff bei guter Konstruktion und richtiger Betonmischung auch unter schwierigen Betriebsverhältnissen, wie sie in der Seefahrt vorliegen, eine größere Lebensdauer besitzt wie ein Eisenschiff. Hoar nimmt die Lebensdauer des Eisenschiffes zu 25, die des Betonschiffes zu

35 Jahren an, so daß das letztere 1.5 % weniger Abschreibungen pro Jahr erfordert.

Die Seeversicherung war über die Betonschiffe lange geteilter Meinung. Eigene Erfahrungen konnten die Experten nicht sammeln, und die landläufigen Vorstellungen über die Bedeutung der neuen Bauweise genügten nicht zur Bildung eines einigermaßen zutreffenden Urteils. Diese Unsicherheit fand in einer hohen Prämienforderung für Betonschiffe ihren Ausdruck. Allgemein wurde 2—3fache Prämie verlangt; heute begnügen sich einige Versicherungen bereits mit den normalen Sätzen. Da sich die Klassifikation eifrig des Eisenbetonschiffbaus annimmt, so ist zu erwarten. daß alle Versicherungsunternehmen ihre Bedenken aufgeben werden, sobald sie ihr Urteil auf praktische Bewährung der Betonschiffe stützen können.

Die Kosten für Unterhaltung der Eisenbetonschiffe sind nach allen jetzt vorliegenden Erfahrungen geringer als bei Eisenschiffen. Die Notwendigkeit des Dockens ist eher durch Wellenziehen und Besichtigung von Ruder und Schraube gegeben als durch die Verfassung des Schiffskörpers. Reparaturen am Schiffskörper lassen sich in jedem Umfang und zu jeder Jahreszeit ausführen. Bei Notreparaturen ist Geschicklichkeit der Besatzung bei weitem nicht so notwendig als beim Eisenschiff.

Von den Ausgaben im Betrieb dürfte lediglich die Aufwendung für Hafenabgaben höher sein als beim Eisenschiff, da die Nettovermessung im Verhältnis des Deplacementzuwachses größer ausfällt.

Aus dieser Übersicht der Ausgaben geht hervor. daß eine Verdopplung oder gar Verdreifachung der Versicherungsprämie durch die Abschreibung und die Ersparnis an jährlicher Unterhaltung nicht aufgewogen werden kann, zumal da mit einer höheren Hafenabgabe gerechnet werden muß. Das Bestreben der am Eisenbetonschiffbau interessierten Kreise muß also darauf gerichtet sein, die Versicherung davon zu überzeugen, daß das Risiko bei einem Betonschiff weder für das Schiff noch für die Ladung größer ist als bei einem Eisen- oder Holzschiff. Erst wenn die Versicherungsprämie die nämliche ist wie beim Eisenschiff, kann der Vorteil des geringeren Anschaffungspreises des Betonschiffes voll zur Geltung kommen. Hierzu ist aber nötig, daß wirklich vollwertige seegehende Eisenbetonschiffe in Deutschland gebaut werden. denn nur auf der sicheren Basis der praktischen Bewährung wird die Versicherung ihr Urteil aufbauen wollen.

Um ohne vorgefaßte Meinung einen Überblick über die Kosten und die Rentabilität von Eisenbetonschiffen zu geben. habe ich für drei Fracht-

dampfer von 1750, 8200 und 17 700 t Ladung (einschl. Kohlen und Wasser)
die notwendigen technischen Unterlagen bestimmt und hieraus den Preis
der Schiffskörper berechnet. Für Material und Arbeit wurden normale Frie-
denspreise zugrunde gelegt. Für Betriebsunkosten, Regie und Unvorher-
gesehenes wurden insgesamt 35 % den Gestehungskosten zugeschlagen, der
Verdienst wurde mit 15 % angesetzt. Die Rechnung beruht auf der Voraussetzung, daß, der Eigenart der Eisenbetonbauweise entsprechend, kurze und
dabei hohe Schiffskörper mit den normalen Eisenschiffskörpern zu ver-
gleichen sind. Die Ergebnisse sind in der Tabelle Nr. 10 zusammengestellt.
Das Rumpfgewicht, das Eisengewicht und der Preis für den Schiffskörper
sind auf die Tonne Ladung umgerechnet. Während die erste Vergleichszahl
$\frac{R}{L}$ vor allem technisches Interesse hat, ist der zweiten $\frac{F}{L}$ vor allem volkswirt-
schaftliche, der dritten $\frac{K}{L}$ kaufmännische Bedeutung beizumessen. Bei allem
guten Willen, unsere Handelsflotte möglichst schnell wieder herzustellen,
kann es nicht gleichgültig sein, in welcher Weise dies geschieht. Falls es
möglich ist, durch den Bau von Eisenbetonschiffen erhebliche Mengen Eisen
zu sparen, so können diese anderen Industrien zugute kommen. Dadurch
wird sich unser Export schneller beleben und so indirekt unserer Seeschiffahrt
mehr genützt werden, als wenn die Reederei auf dem Bau reiner Eisenschiffe
bestehen würde. Die schon von anderer Seite aufgestellte Behauptung, daß
aus der für ein Eisenschiff nötigen Eisenmenge mehrere Eisenbetonschiffe
hergestellt werden können, wird durch die angestellte Berechnung erhärtet.
Bei dem kleineren Frachtschiff lassen sich fast vier, bei den großen gut
zwei Betonschiffe aus dem für die betreffenden Eisenschiffe nötigen Eisen-
quantum herstellen.

Der Anschaffungspreis der Betonschiffsrümpfe ergibt sich — bei sachgemäßer Bauart — durchweg wesentlich billiger als beim Eisenschiff. Bei
hoher Versicherungsprämie — gleich der dreifachen normalen — ergibt sich
ein nicht unwesentliches Plus zuungunsten des Betonschiffes. Bei normaler
Prämie dagegen, wie sie der Stellungnahme führender Versicherungsgesell-
schaften der letzten Zeit entspricht, verbleibt eine erhebliche Betriebserspar-
nis, die sich als Vergrößerung der Dividende bemerklich macht, so daß im
letzten Stadium der Entwicklung, das bereits erreicht ist, das Eisenbetonschiff
sowohl in der Anschaffung billiger als auch im Betrieb rentabler wie das
Eisenschiff gleicher Ladefähigkeit ist.

Tabelle Nr. 10.

I. Vergleich zwischen Eisenschiff und Betonschiff.

	Eisen-schiff	Beton-schiff	Eisen-schiff	Beton-schiff	Eisen-schiff	Beton-schiff
Länge m	68,30	54,30	125,00	101,50	161,00	145,30
Breite „	10.18	10,65	15,75	16,10	20,25	19,00
Seitenhöhe „	4,76	6,15	10,20	13,25	14,05	17,94
R = Rumpfgewicht t . .	761	939	3 270	4 720	7 140	9 958
F = Eisengewicht „ . .	535	152	2 360	1 006	5 250	2 528
L = Ladung „ . .	1 744	1 744	8 225	8 225	17 720	17 720
K = Preis des Rumpfes $\mathscr{M}$	233 000	120 000	850 000	607 000	2 055 000	1 280 000
R : L	0,437	0,539	0,397	0,574	0,403	0,562
F : L	0,307	0,087	0,287	0,122	0,297	0,143
K : L	133,5	68,8	103,5	73,8	116,0	72,3
Betonschiff schwerer %		23,4		44,5		39,5
„ hat weniger Eisen %		71,5		57,4		51,8
„ billiger %		48,5		28,6		37,7

II. Unterschied der Ausgaben.

		$\mathscr{M}$	$\mathscr{M}$	$\mathscr{M}$
1. Rumpf des Betonschiffs kostet weniger		— 113 000	— 243 000	— 775 000
2. Wertsicherung				
a) Abschreibung weniger		— 5 910	— 16 650	— 45 700
b) Versicherung mehr 10 % (3 fache Prämie)	vom Baupreis	+ 12 000	+ 60 700	+ 128 000
c) Unterhaltung weniger ¹/₃ %		— 600	— 3 035	— 6 400
3. Hafenabgaben pp. mehr		+ 5 400	+ 3 300	+ 7 500
Aufrechnung		+ 10 890	+ 44 315	+ 83 400
„ in % von 1		— 9,65	18,25	— 10,75
Aufrechnung bei normaler Versicherungs-Prämie		— 1 110	— 16 385	— 44 600
„ in % von 1		+ 1,0	+ 6,75	+ 5,75

Schluß.

Die soeben gegebene Darstellung über grundlegende Fragen im Eisenbetonschiffbau hat gezeigt, welche Möglichkeiten sich dem deutschen Schiffahrtsgewerbe auftun; aber sie ließ auch erkennen, welche Hindernisse einem vollen Erfolg noch entgegenstehen. Soweit die letzteren auf rein technischem Gebiet liegen, wird eine Lösung nicht lange auf sich warten lassen; anders steht es mit den Schwierigkeiten auf wirtschaftlichem Gebiete. Es ist zwar meine Meinung, daß die zwingende Notwendigkeit auch für den neuen Industriezweig die Wege ebnen wird; jedoch wäre es zu bedauern, wenn durch mangelndes Entgegenkommen eine Entwicklung hinausgezögert würde, die unserer Schiffahrt und damit unserem Volke zum rascheren Aufblühen verhelfen könnte.

Wenn die Gefahr besteht, daß noch jahrelang nach Friedensschluß empfindliche Eisenknappheit und Eisenteuerung bleibt, sei es, daß die binnenländische Industrie zu große Mengen absorbiert, sei es, daß uns die früheren Eisenfelder nicht mehr in vollem Umfang zur Ausbeute zur Verfügung stehen, wenn ferner die Wirtschaft- und Arbeitsverhältnisse zu Methoden größter Sparsamkeit drängen, dann ist es Pflicht, schon jetzt an einen Ausgleich zu denken. Der Bau von Eisenbetonschiffen an Stelle reiner Eisenschiffe bietet hierzu einen Weg, der um so eher beschritten werden kann, als seine Grundlagen im ortsfesten Baubetrieb seit Jahrzehnten ausprobiert sind und seine Technik mit steigendem Erfolg in allen Ländern zur tagtäglichen Anwendung kommt. Der moderne Schiffbau ist eine Industrie, die in ihrer Entwicklung zu allen Zeiten aufs tiefste von den Errungenschaften der Industrien des Binnenlandes beeinflußt worden ist. Ein solcher Vorgang ist die Anwendung des Eisenbetons. In gleicher Weise wie die Prinzipien des Brückenbaus, die Errungenschaften des Maschinenbaus, der Elektrotechnik im Schiffbau ihre Anwendung und Spezialisierung gefunden haben, ebenso wird die Eisenbetonbauweise ihren Weg im Schiffbau nehmen. Es bedarf keiner Schönfärberei, um vorauszusagen, daß sie in vielgestaltiger Anwendung eine solche Vervollkommnung erfahren wird, daß der neue Baustoff auch unter veränderten wirtschaftlichen Verhältnissen nicht mehr als vollwertiges Schiffbaumaterial auszuscheiden braucht. Je schneller wir diesen Weg zurücklegen, je eher über alle noch strittigen Punkte Klarheit geschaffen wird, um so mehr dienen wir den Interessen der Schiffahrt und damit unseren eigenen Interessen.